鳥《とり》のいる地球《ちきゅう》はすばらしい

—人《ひと》と生《い》き物《もの》の自然《しぜん》を守《まも》る—

国松俊英《くにまつとしひで》

東京湾《とうきょうわん》の谷津干潟《やつひがた》で

目《もく》次《じ》

表紙写真提供：藤富敦郎
裏表紙写真提供：トキ保護センター
扉写真提供：石川勉

この本に登場する地名（日本国内）

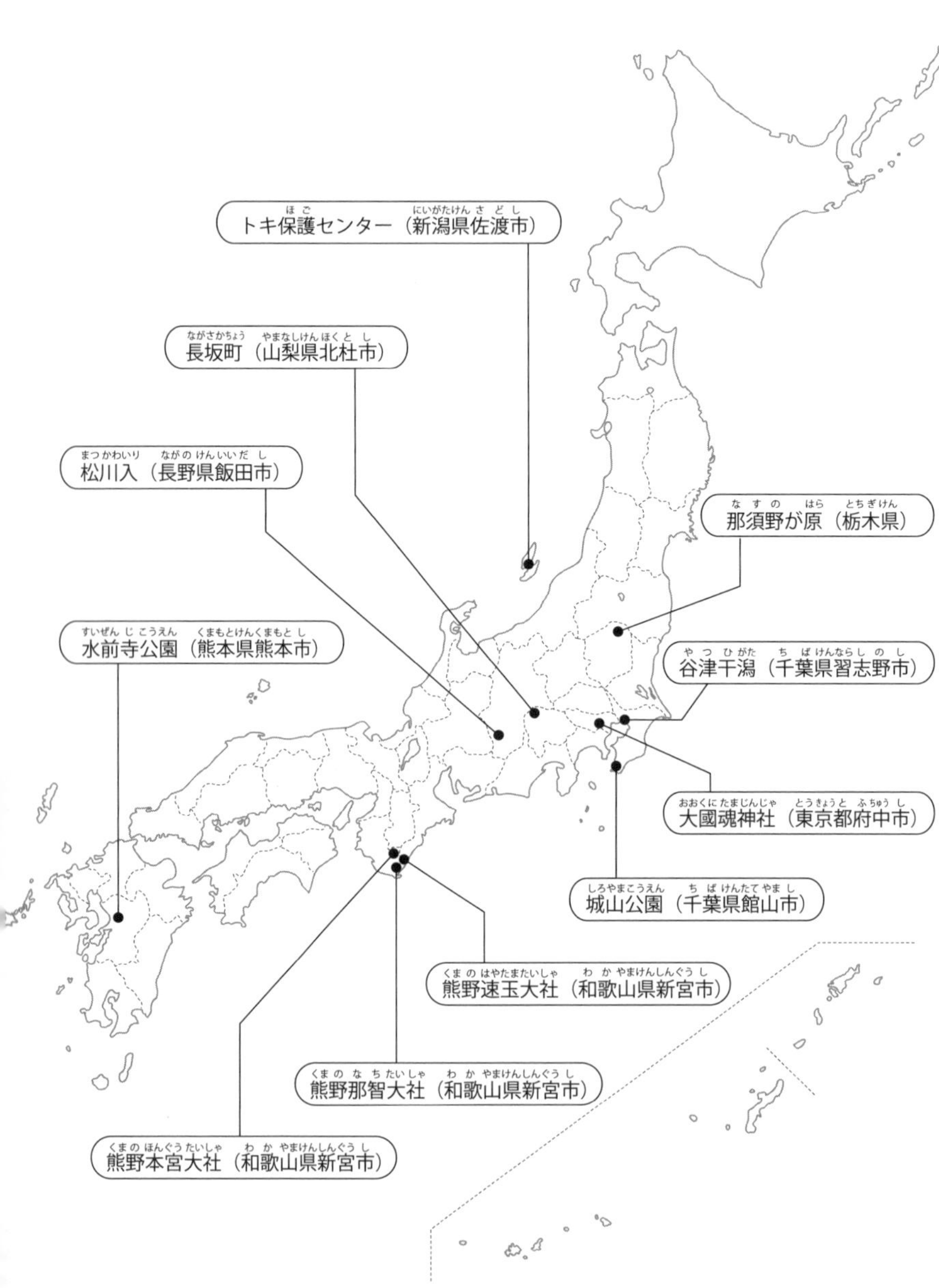

1　セイタカシギが卵《たまご》を生《う》んだ

今《いま》から四十年以上前《ねんいじょうまえ》のことです。わたしは、千葉県船橋市《ちばけんふなばしし》の東京湾《とうきょうわん》のそばの団地《だんち》に住《す》んでいました。精密機械《せいみつきかい》の会社《かいしゃ》に勤《つと》めていて、毎日《まいにち》、船橋《ふなばし》から東京《とうきょう》へ通勤《つうきん》していました。

わたしは千葉《ちば》の*1干潟《ひがた》を守《まも》る会《かい》（以下《いか》、この作品《さくひん》の中《なか》では〝守《まも》る会《かい》〟）に所属《しょぞく》していて、休《やす》みの日《ひ》は東京湾《とうきょうわん》の自然《しぜん》を守《まも》る活動《かつどう》をしていました。そのころ千葉県《ちばけん》は、東京湾《とうきょうわん》の東《ひがし》側《がわ》の干潟《ひがた》（千葉県側《ちばけんがわ》）を大《おお》きく埋《う》めたてて、工場用地《こうじょうようち》や住宅用地《じゅうたくようち》にしようと工事《こうじ》をしていました。

埋《う》めたてがすすむと、干潟《ひがた》にすむ*2稚魚《ちぎょ》、カニ、貝《かい》などのすみかが失《うしな》われます。干潟《ひがた》に飛《と》んでくる渡《わた》り鳥《どり》がえさをとる場所《ばしょ》もなくなってしまいます。東京湾《とうきょうわん》の自然環境《しぜんかんきょう》が大《おお》きくそこなわれることになります。そこで守《まも》る会《かい》は、東京湾《とうきょうわん》の海《うみ》を守《まも》ろうと活動《かつどう》をつづけていたのです。

もうすぐ梅雨《つゆ》にはいる一九七八（昭和《しょうわ》五十三）年《ねん》六月《がつ》十三日《にち》の夜《よる》のことです。わたし

*1　遠浅《とおあさ》の海岸《かいがん》で潮《しお》が引《ひ》いた時《とき》にあらわれる砂地《すなち》。くわしくは26ページ参照《さんしょう》。　*2　子《こ》どもの魚《さかな》。

は、守《まも》る会《かい》の集《あつ》まりに出席《しゅっせき》しました。会《かい》ではいつも火曜《かよう》の夜《よる》に集《あつ》まって、活動《かつどう》の反省《はんせい》をし、これからのことを相談《そうだん》していました。そこで仲間《なかま》のMさんが、こんなことをいいました。

「京葉港《けいようこう》埋《う》め立《た》て地《ち》の池《いけ》に、セイタカシギが巣《す》をつくったんだ。親鳥《おやどり》が巣《す》にすわって、卵《たまご》をあたためているよ」

わたしはびっくりしました。集《あつ》まったメンバーも、体《からだ》をのりだしました。

「えーっ、セイタカシギが巣《す》をつくったの」

「すごいニュースだね」

Mさんは、コアジサシやシロチドリの巣《す》の調査《ちょうさ》をやっていて、毎日《まいにち》、埋《う》め立《た》て地《ち》を歩《ある》きまわっています。その時《とき》、セイタカシギを見《み》つけたのでした。

「親鳥《おやどり》が立《た》ち上《あ》がった時《とき》に見《み》たら、卵《たまご》が四こあった。ひながかえるまでには、あと二週間《しゅうかん》くらいかかると思《おも》うよ」

わたしは野鳥観察《やちょうかんさつ》をはじめて、まだ三年《ねん》くらいの初心者《しょしんしゃ》です。セイタカシギの名前《なまえ》は知《し》っていますが、めったに見《み》られない鳥《とり》だと聞《き》いていました。もちろんその鳥《とり》のすがたは、見《み》たことがありません。

片足《かたあし》で休《やす》んでいるセイタカシギ。埋《う》め立《た》て地《ち》の池《いけ》に巣《す》をつくり、4この卵《たまご》を産《う》んで温《あたた》めていた。とてもめずらしい鳥《とり》で、それまで日本《にほん》でひなを育《そだ》てた記録《きろく》は二度《ど》しかなかった。

セイタカシギは、全長《ぜんちょう》三十二センチメートルの水鳥《みずとり》。くちばしと、足《あし》が長《なが》い鳥《とり》です。体《からだ》の大《おお》きさはハトくらいで、細《ほそ》くて長《なが》いくちばしと桃色《ももいろ》の長《なが》い足《あし》が特《とく》徴《ちょう》です。白《しろ》い体《からだ》と黒《くろ》っぽいつばさがきれいな鳥《とり》で、水《みず》の中《なか》を歩《ある》いて水生動物《すいせいどうぶつ》を食《た》べます。日本《にほん》にはめったに飛《と》んでこないめずらしい鳥《とり》です。

図鑑《ずかん》ではそう解説《かいせつ》していました。

「京葉港《けいようこう》の近《ちか》くの、池《いけ》のまん中《なか》の少《すこ》し高《たか》くなった砂地《すなち》に、巣《す》をつくっているよ。鳥《とり》を観察《かんさつ》している人《ひと》も、セイタカシギが巣《す》をつくったことに、だれも気《き》づいていないみたいだ」

Mさんがいいました。巣《す》をつくった場所《ばしょ》は、埋《う》めたて工事《こうじ》の後《あと》、そのままになっているところです。でこぼこの道路《どうろ》はありますが、建物《たてもの》もなく、砂地《すなち》と池《いけ》、*1アシ原《はら》などが広《ひろ》がっていました。

しかし、人《ひと》はたくさんやってきます。海岸《かいがん》の岸壁《がんぺき》へ魚《さかな》つりに行《い》く人《ひと》、ラジコン飛行《ひこう》機《き》を飛《と》ばす人《ひと》、砂地《すなち》で飼《か》い犬《いぬ》を走《はし》らせる人《ひと》、野鳥観察《やちょうかんさつ》の人《ひと》もきます。野犬《やけん》の群《む》れもうろついています。

会《かい》のメンバーは、セイタカシギの巣《す》がこわされないか、心配《しんぱい》しはじめました。

「巣《す》を見《み》つけた人《ひと》が、いたずらで卵《たまご》を持《も》っていくかもしれない」

「セイタカシギはめずらしい鳥《とり》だ。巣《す》をつくったニュースが報道《ほうどう》されたら、カメラマンや野鳥観察《やちょうかんさつ》の人《ひと》がどっとやってくるよ。そうしたら親鳥《おやどり》は、巣《す》からにげていってしまう」

調《しら》べると、セイタカシギの日本《にほん》での*2営巣《えいそう》は、二度《ど》しか記録《きろく》がありません。二度《ど》とも伊勢湾《いせわん》の鍋田干拓地《なべたかんたくち》でした。こんどの営巣《えいそう》がうまくいけば、日本《にほん》では三度目《どめ》の記録《きろく》になります。

「セイタカシギの繁殖《はんしょく》を成功《せいこう》させたい」

「なにかやろう。巣《す》に人《ひと》を近《ちか》づけないようにするんだ。どうすればよいかな」

繁殖《はんしょく》を成功《せいこう》させてやりたい。メンバーはみんなそう思《おも》っていました。Mさんがいいました。

「巣《す》の見《み》はりをやろう。見《み》はりといっても、特別《とくべつ》なことなんかしなくていいんだ。巣《す》から少《すこ》し離《はな》れたところで見守《みまも》っているのでいい。もし巣《す》に近《ちか》よろうとする人《ひと》がいたら止《と》める。野犬《やけん》がきたら棒《ぼう》で追《お》いはらう」

「新聞社《しんぶんしゃ》や放送局《ほうそうきょく》には、卵《たまご》を産《う》んだことを記事《きじ》に書《か》いたり放送《ほうそう》しないように頼《たの》もう」

この意見《いけん》に、みんなは同意《どうい》しました。毎日《まいにち》は無理《むり》でも、出《で》られる日《ひ》には、見《み》はりに行《い》って、一、二名《めい》が巣《す》から少《すこ》し離《はな》れたところで見《み》はりする。とくに土曜《どよう》・日曜《にちよう》は人《ひと》が多《おお》いので、だれかがかならず出《で》て、見《み》はりをすることにきまりました。新聞社《しんぶんしゃ》や放送《ほうそう》局《きょく》には、卵《たまご》がふ化《か》して、ひなが巣立《すだ》ちするまで、発表《はっぴょう》は待《ま》ってくれと頼《たの》むことにしました。

そのころわたしは、精密機械《せいみつきかい》の会社《かいしゃ》に勤《つと》めていました。船橋《ふなばし》から大田区《おおたく》まで、毎日《まいにち》京成電車《けいせいでんしゃ》と都営地下鉄《とえいちかてつ》に乗《の》って通勤《つうきん》します。勤《つと》め人《にん》ですから、平日《へいじつ》の見《み》はりは無理《むり》で

＊1　葦《あし》という植物《しょくぶつ》が生《お》い茂《しげ》っている場所《ばしょ》。　＊2　巣《す》をつくること。

す。しかし土《ど》・日曜《にちよう》なら出《で》られそうなので、見《み》はりを申《もう》し出《で》ました。

見《み》はりに出《で》て、セイタカシギのすがたを見《み》られたらいいなと思《おも》ったのでした。

つぎの土曜日《どようび》から見《み》はりに行《い》きました。巣《す》からかなり離《はな》れた場所《ばしょ》にいて、人《ひと》や野犬《やけん》が近《ちか》づくのを監視《かんし》します。そして一時間《じかん》ごとに、倍率《ばいりつ》四十倍《ばい》の望遠鏡《ぼうえんきょう》で、卵《たまご》を温《あたた》めている親鳥《おやどり》のようすを観察《かんさつ》しました。

親鳥《おやどり》は時《とき》どき立《た》ち上《あ》がり、くちばしで卵《たまご》を動《うご》かします。卵《たまご》がまんべんなく温《あたた》められるようにする行動《こうどう》です。見《み》はり人《にん》はその瞬間《しゅんかん》に、卵《たまご》が四こあるか、巣《す》や卵《たまご》に異常《いじょう》はないかチェックするのでした。

埋《う》めたて地《ち》は、木《き》も生《は》えていないし、建物《たてもの》もなく、日陰《ひかげ》がありません。六月《がつ》の強烈《きょうれつ》な太陽《たいよう》の下《した》で何時間《なんじかん》も見《み》はっているのは、けっこうつらい作業《さぎょう》でした。

六月《がつ》二十五日《にち》の日曜日《にちようび》のことです。見《み》はりをはじめてから十二日《にち》がたっていました。その日《ひ》わたしは、午後《ごご》から埋《う》めたて地《ち》に行《い》って、Ｍさんとふたりで見《み》はりをしていました。Ｍさんは竹《たけ》ざおを何本《なんぼん》か持《も》ってきていました。そして埋《う》めたて地《ち》の池《いけ》に行《い》って、アシを何束《なんたば》も刈《か》りとってきました。

竹《たけ》の棒《ぼう》で三角《さんかく》の屋根《やね》をつくり、アシで屋根《やね》と壁《かべ》をつくって、小屋《こや》ができました。

「Mさんは器用《きよう》だなあ、りっぱな小屋《こや》だよ。中《なか》にいれば、強《つよ》い太陽《たいよう》がさけられる」

わたしたちは小屋《こや》のすきまから、人《ひと》が近《ちか》づかないか、野犬《やけん》がこないか、見《み》はっていました。

腕時計《うでどけい》の針《はり》が、午後《ごご》三時《じ》をさしました。鳥《とり》と巣《す》のようすを点検《てんけん》する時間《じかん》です。望遠《ぼうえん》鏡《きょう》をのぞいていると、親鳥《おやどり》が立《た》ち上《あ》がりました。

ひながいます。親鳥《おやどり》の足《あし》もとでひなが動《うご》いていました。

「ひなだ！　セイタカシギのひながいるぞ」

Mさんを呼《よ》ぶと、走《はし》ってきて望遠鏡《ぼうえんきょう》をのぞきました。

「ほんとだ、ほんとだ。ひながかえった」

Mさんは、顔《かお》をくしゃくしゃにしてさけびました。セイタカシギは、みごとにひなをかえすのに成功《せいこう》したのです。

「よかったなあ、卵《たまご》は一こも盗《ぬす》まれなかったし、いたずらもされなかったよ」

「ばんざーい、見《み》はりは成功《せいこう》だった」

わたしとMさんは、がっちり握手《あくしゅ》をしました。

ひなは二羽《わ》かえっていました。親鳥《おやどり》は白《しろ》と黒《くろ》の羽《はね》で、足《あし》は長《なが》くてすらりとした体《からだ》をしています。それなのに、ひなの体《からだ》は小《ちい》さくて丸《まる》く、薄茶色《うすちゃいろ》の羽毛《うもう》がふわふわしていました。

ふ化《か》したばかりのひなを観察《かんさつ》するのは、はじめてです。胸《むね》がどきどきしました。

つぎの六月《がつ》二十六日《にち》と二十七日《にち》に、残《のこ》った二個《こ》の卵《たまご》もふ化《か》しました。四羽《わ》のひながかえると、親子《おやこ》は、巣《す》があった池《いけ》から出《で》ていきました。

守《まも》る会《かい》は、すぐに新聞社《しんぶんしゃ》や放送局《ほうそうきょく》に知《し》らせました。つぎの日《ひ》、〝東京湾《とうきょうわん》の埋《う》めたて地《ち》でセイタカシギのひなが誕生《たんじょう》〟というニュースが報道《ほうどう》されました。

見《み》はりの仕事《しごと》はぜんぶ終《お》わりました。けれどわたしにはやり残《のこ》したことがあるようで、落《お》ちつきませんでした。ひなのことが、頭《あたま》から離《はな》れないのです。ひなの今後《こんご》について、知《し》りたいことがつぎつぎに湧《わ》いてきました。

・四羽《わ》のひなは、はたしてぶじに育《そだ》つのだろうか？
・セイタカシギの親子《おやこ》は、埋《う》めたて地《ち》のどこで生活《せいかつ》するのだろう？
・小《ちい》さなひなは、どう成長《せいちょう》するのか。何日《なんにち》くらいで一人前《いちにんまえ》になるのか？
・いったい何日《なんにち》くらいで飛《と》べるようになるのか？

・親子《おやこ》の生活《せいかつ》のようす、ひなが成長《せいちょう》するようす。

いろいろ知《し》りたいと思《おも》いました。つづけて観察《かんさつ》をするのには、どうしたらよいでしょう。

朝《あさ》、会社《かいしゃ》に出《で》かける前《まえ》の時間《じかん》、埋《う》めたて地《ち》に行《い》って観察《かんさつ》するしかありません。いつもは、朝《あさ》七時《じ》十分《ぷん》の団地《だんち》発《はつ》のバスに乗《の》って、京成船橋駅《けいせいふなばしえき》へ行《い》きます。そこから電車《でんしゃ》で大田区《おおたく》の会社《かいしゃ》まで行《い》きますが、その習慣《しゅうかん》を変《か》えるのです。朝《あさ》五時《じ》ごろに起《お》きて、車《くるま》で埋《う》めたて地《ち》に行《い》き、一時間《じかん》ほどセイタカシギの親子《おやこ》を観察《かんさつ》します。いそいで家《いえ》にもどり、服《ふく》を着替《きが》えて出勤《しゅっきん》するのです。やってみることにしました。

埋《う》めたて地《ち》には、雨水《あまみず》がたまったアシ原《はら》のある浅《あさ》い池《いけ》、深《ふか》い池《いけ》があります。セイタカシギの親子《おやこ》は、それらの池《いけ》で水生動物《すいせいどうぶつ》を食《た》べて生活《せいかつ》していました。毎日《まいにち》、池《いけ》を移動《いどう》します。エサがたくさんあり、かくれるのにいい池《いけ》を選《えら》んでいるようでした。

鳥《とり》の多《おお》くは、「車《くるま》」を学習《がくしゅう》していません。埋《う》めたて地《ち》に車《くるま》で行《い》って、池《いけ》のそばで車《くるま》の中《なか》から鳥《とり》を観察《かんさつ》します。鳥《とり》は車《くるま》のそばを平気《へいき》で歩《ある》きまわり、エサを探《さが》しています。車《くるま》を大《おお》きな岩《いわ》だと思《おも》っているようでした。

親鳥《おやどり》に見守《みまも》られながら歩《ある》くセイタカシギのひな。ふ化《か》して２日目《かめ》。ひなの体《からだ》はうす茶色《ちゃいろ》で、背中《せなか》には黒《くろ》い斑点《はんてん》がある。

最初《さいしょ》わたしは、一日《にち》おきで埋《う》めたて地《ち》に行《い》っていました。それが、三日《か》に二日行《い》くようになり、しまいには毎朝《まいあさ》行《い》くようになりました。親子《おやこ》の観察《かんさつ》が面白《おもしろ》くてたまらないのでした。

朝早《あさはや》く行《い》っても、セイタカシギの親《おや》子《こ》はもう活動《かつどう》をはじめています。

「セイタカシギって、何時《なんじ》に起《お》きるのだろう？」

起《お》きる時間《じかん》、埋《う》めたて地《ち》に行《い》く時間《じかん》はどんどん早《はや》くなっていきました。五時起《じお》きが、四時半《じはん》になり、四時《じ》になりました。けれどいつ行《い》っても、親子《おやこ》は活動《かつどう》をはじめていました。

「鳥《とり》はずいぶん早起《はやお》きだなあ」

感心《かんしん》してしまいました。

そうやって約《やく》一か月間《げっかん》、ひなの成長《せいちょう》の観察《かんさつ》をつづけました。強《つよ》い太陽《たいよう》が埋《う》めたて地《ち》に照《て》りつけ、はげしい砂嵐《すなあらし》が吹《ふ》きます。その中《なか》で、親鳥《おやどり》は懸《けん》命《めい》にひなを守《まも》っていました。

セイタカシギの親子《おやこ》は、とても用心深《ようじんぶか》く生活《せいかつ》をしています。ある日《ひ》、ひとりのカメラマンが小《ちい》さなテントを持《も》ってやってきました。池《いけ》のそばにテントを張《は》り、セイタカシギを撮《と》ろうとテントに入《はい》りました。けれど親子《おやこ》はアシ原《はら》に隠《かく》れたまま、出《で》てきません。いやになったカメラマンが、テントを片《かた》づけはじめると、ひながアシ原《はら》からあらわれ、全速力《ぜんそくりょく》で逃《に》げていきました。

敵《てき》がきた時《とき》は、親鳥《おやどり》はむかっていきます。コサギやウミネコが飛《と》んできた時《とき》は、オスの親《おや》がかん高《だか》い声《こえ》で鳴《な》いて飛《と》び、鳥《とり》を追《お》いはらいました。十ぴきほどの野犬《やけん》の群《む》れがきました。その時《とき》は、オスとメスがはげしく鳴《な》いて、野犬《やけん》の上《うえ》を飛《と》びまわりました。野犬《やけん》はしらんふりで、池《いけ》の近《ちか》くを歩《ある》きまわっていました。けれどあまりにしつこく親《おや》鳥《どり》が急降下《きゅうこうか》をしてくるので、閉口《へいこう》してむこうへ行《い》ってしまいました。

自転車《じてんしゃ》の男《おとこ》の人《ひと》がきた時《とき》も、親鳥《おやどり》ははげしく鳴《な》いて男《おとこ》の人《ひと》の上《うえ》に急降下《きゅうこうか》します。男《おとこ》の人《ひと》は、こわくなって走《はし》っていってしまいました。

親子《おやこ》は懸命《けんめい》に生《い》きていました。親鳥《おやどり》がひなを守《まも》るようすに、わたしは感動《かんどう》していました。

アシ原《はら》の中《なか》に親子《おやこ》が入《はい》って、出《で》てこない時《とき》があります。そんな時《とき》は何《なに》もすることがなく、車《くるま》の中《なか》でぼーっとしています。とりとめなく、いろんなことを考《かんが》えました。

まるで、高《たか》い山《やま》に登《のぼ》った時《とき》のようです。もうひとりの自分《じぶん》が高《たか》い山《やま》から、下《した》にいる自分《じぶん》を冷静《れいせい》に見《み》ている、そんな感《かん》じでした。

セイタカシギと自分《じぶん》をくらべました。親子《おやこ》は、体《からだ》を張《は》って生《い》きている。お前《まえ》はどうだ？　毎日《まいにち》、真剣《しんけん》に生《い》きているか？　ノー、です。会社《かいしゃ》では毎日全力《まいにちぜんりょく》を出《だ》して仕事《しごと》をやっているとはいえません。いやいや働《はたら》いている日《ひ》もあります。真剣《しんけん》さが足《た》りないぞ。そんなことでいいのか。

ふだん考《かんが》えないことを、早朝《そうちょう》の埋《う》めたて地《ち》で考《かんが》えました。

「お前《まえ》が、今《いま》、いちばんやりたいことは何《なに》か？　それは児童文学《じどうぶんがく》ではないのか。でも児童文学《じどうぶんがく》を職業《しょくぎょう》にしても食《た》べていけないと、編集者《へんしゅうしゃ》や先輩《せんぱい》の作家《さっか》にいわれて、こわがっているのだろう」

ふ化《か》して約《やく》30日《にち》たったひなは体《からだ》も大《おお》きくなり、飛《と》べるようになった。埋《う》めたて地《ち》から姿《すがた》を消《け》す日《ひ》も近《ちか》いだろう。

その時《とき》、もうひとりの自分《じぶん》が、わたしにいいました。

「勇気《ゆうき》がないな。そんなに児童文学《じどうぶんがく》がやりたいんだったら、やればいい。好《す》きではない会社《かいしゃ》の仕事《しごと》をいやいやつづけているより、ほんとにやりたいことに挑戦《ちょうせん》しろ。人生《じんせい》は何《なん》十年《ねん》もあるのだから、失敗《しっぱい》したらやりなおせばよい。やらないで後悔《こうかい》するより、挑戦《ちょうせん》した方《ほう》がよい。人生《じんせい》はたった一度《ど》しかないぞ」

目《め》がさめたように思《おも》いました。

「なんだ、簡単《かんたん》なことじゃないか。やってみよう」

会社《かいしゃ》をやめて、児童文学作家《じどうぶんがくさっか》をめざす。

これまで考《かんが》えもしなかったことを、早朝《そうちょう》の埋《う》めたて地《ち》で決意《けつい》したのでした。

その年《とし》の暮《く》れ、わたしは勤《つと》めていた会社《かいしゃ》をやめ、児童文学《じどうぶんがく》の世界《せかい》に飛《と》びこみました。

2　東京湾《とうきょうわん》のそばの団地《だんち》に住《す》む

　わたしが東京湾《とうきょうわん》のそばに住《す》んだのは、セイタカシギの見《み》はりをやる九年前《ねんまえ》です。東《とう》京《きょう》・品川区《しながわく》のアパートから引《ひ》っこしてきました。住《す》んだのは、日本住宅公団《にほんじゅうたくこうだん》が千葉県《ちばけん》船橋市《ふなばしし》につくった若松団地《わかまつだんち》でした。

　勤《つと》めていた精密機械《せいみつきかい》の会社《かいしゃ》は、大田区馬込《おおたくまごめ》に東京営業所《とうきょうえいぎょうしょ》があります。本社《ほんしゃ》と工場《こうじょう》は関西《かんさい》にありますが、入社《にゅうしゃ》してすぐ東京営業所《とうきょうえいぎょうしょ》に配属《はいぞく》になったのでした。京成電車《けいせいでんしゃ》の船《ふな》橋駅《ばしえき》から営業所《えいぎょうしょ》がある都営地下鉄《とえいちかてつ》・馬込駅《まごめえき》まで、乗《の》りかえなしで行《い》けます。それで、船橋市《ふなばしし》の団地《だんち》に入居《にゅうきょ》したのでした。

　東京営業所《とうきょうえいぎょうしょ》に配属《はいぞく》になり上京《じょうきょう》してから、童話創作《どうわそうさく》の勉強《べんきょう》をはじめました。会社《かいしゃ》の仕《し》事《ごと》のほかに打《う》ちこめる趣味《しゅみ》を持《も》ちたいと思《おも》って、童話創作《どうわそうさく》をえらんだのです。中学生《ちゅうがくせい》の時《とき》から宮沢賢治《みやざわけんじ》の童話《どうわ》が好《す》きで、賢治《けんじ》が書《か》いていた童話《どうわ》と同《おな》じ形式《けいしき》で自分《じぶん》も書《か》いてみたいと考《かんが》えました。童話《どうわ》を書《か》きはじめると楽《たの》しくて、休日《きゅうじつ》や夜《よる》の時間《じかん》に、せっせと書《か》いていました。

若松団地《わかまつだんち》の風景《ふうけい》。1969年《ねん》8月《がつ》に完成《かんせい》して、すぐに入居《にゅうきょ》がはじまった。最初《さいしょ》団地《だんち》の東側《ひがしがわ》と南側《みなみがわ》には、東京湾《とうきょうわん》が広《ひろ》がっていた。

引《ひ》っこした若松団地《わかまつだんち》は、海《うみ》のそばに新《あたら》しくできた団地《だんち》でした。団地《だんち》の東側《ひがしがわ》と南側《みなみがわ》が東京《とうきょう》湾《わん》に面《めん》していて、遠浅《とおあさ》の海《うみ》が広《ひろ》がっています。窓《まど》をあけると海風《うみかぜ》がはいってきました。

「あ、潮《しお》のにおいがする」

四階《かい》の家《いえ》の窓《まど》からも、陽《ひ》の光《ひかり》をうけて、きらきら光《ひか》る東京湾《とうきょうわん》が見《み》えました。

わたしは海《うみ》のない県《けん》で生《う》まれて育《そだ》ちました。ですから、家《いえ》の近《ちか》くに海《うみ》があるというのは、うれしいことでした。

初夏《しょか》には団地《だんち》のまわりにある堤防《ていぼう》を下《お》りていき、干潟《ひがた》で潮干狩《しおひが》りができます。夏《なつ》になるとその堤防《ていぼう》から、ハゼ釣《つ》りも楽《たの》しめました。

釣《つ》ったハゼは、てんぷらにしました。

遊《あそ》びにきた会社《かいしゃ》のなかまが、うらやましそ

うにいいました。
「家《いえ》のそばで、潮干狩《しおひが》りやハゼ釣《つ》りができるなんて。お前《まえ》はとてもいいところに住《す》んだなあ」

けれど潮干狩《しおひが》りやハゼ釣《つ》りが楽《たの》しめたのは、一年《ねん》だけでした。引《ひ》っこしてしばらくすると、団地《だんち》の南《みなみ》と東《ひがし》に広《ひろ》がる海《うみ》で、埋《う》めたて工事《こうじ》がはじまったのです。埋《う》めたては、わたしの住《す》んでいた団地《だんち》の近《ちか》くだけでなく、浦安市《うらやすし》から船橋市《ふなばしし》、習志野市《ならしのし》、千葉市《ちばし》の海岸《かいがん》など東京湾《とうきょうわん》の千葉県側《ちばけんがわ》の干潟《ひがた》を、広《ひろ》く埋《う》めたてるというものでした。

埋《う》めたて工事《こうじ》をするのは千葉県《ちばけん》です。千葉県《ちばけん》は、東京湾《とうきょうわん》の干潟《ひがた》を大《おお》きく埋《う》めたて、工場《こうじょう》や住宅用《じゅうたくよう》の土地《とち》にするという計画《けいかく》を進《すす》めていました。

太平洋戦争《たいへいようせんそう》がおわって十五年《ねん》ほどが過《す》ぎています。日本《にほん》は、アメリカやヨーロッパの国《くに》ぐにと同《おな》じように、大《おお》きな工場《こうじょう》を各地《かくち》につくり、工業生産《こうぎょうせいさん》をさかんにしようとしていました。東京《とうきょう》のとなりである千葉県《ちばけん》でも、企業《きぎょう》の工場用《こうじょうよう》の広《ひろ》い土地《とち》を用意《ようい》しようと考《かんが》えたのです。そして大《おお》きな会社《かいしゃ》に来《き》てもらい、工業《こうぎょう》を活発《かっぱつ》にしようという計画《けいかく》でした。東京湾《とうきょうわん》の干潟《ひがた》は、安《やす》い費用《ひよう》で埋《う》めたてて土地《とち》をつくることができます。

団地《だんち》のまわりの海《うみ》はみんな埋《う》めたてられ、工場《こうじょう》が建《た》ちならびます。団地《だんち》に入居《にゅうきょ》する時《とき》、そんな話《はなし》は知《し》らされませんでした。

　団地《だんち》の住民《じゅうみん》でつくっている自治会《じちかい》では、埋《う》めたての計画《けいかく》はどんなものか、団地《だんち》の生活《せいかつ》に影響《えいきょう》があるのかを調《しら》べました。すると、いろんなことがわかってきました。

　まず、団地《だんち》のすぐ南側《みなみがわ》には、大《おお》きな工業用《こうぎょうよう》の港《みなと》、京葉港《けいようこう》がつくられ、団地《だんち》の東側《ひがしがわ》の広《ひろ》い埋《う》めたて地《ち》は、工場《こうじょう》の予定地《よていち》になっていました。都内《とない》、埼玉県《さいたまけん》、千葉県《ちばけん》にある化学工場《かがくこうじょう》や食品工場《しょくひんこうじょう》などが、そこに移転《いてん》してくるといいます。騒音《そうおん》や悪臭《あくしゅう》で、住民《じゅうみん》がいやがっている工場《こうじょう》が移転《いてん》してくる

埋《う》め立《た》て工事《こうじ》が進《すす》む東京湾《とうきょうわん》。工事《こうじ》の後《あと》、すぐに道路《どうろ》や建物《たてもの》はできなかったので、野鳥《やちょう》がたくさん飛《と》んできてすみかにしていた。

のだと聞《き》かされました。

団地《だんち》のすぐ北側《きたがわ》には、東京湾岸道路《とうきょうわんがんどうろ》をつくる計画《けいかく》があることもわかりました。三階《かい》建《だ》て、十四車線《しゃせん》の巨大《きょだい》な道路《どうろ》です。道路《どうろ》の一階《かい》は四車線《しゃせん》の一般国道《いっぱんこくどう》で、二階《かい》は四車線《しゃせん》の中高速道路《ちゅうこうそくどうろ》、そして三階《かい》には高速道路《こうそくどうろ》六車線《しゃせん》が走《はし》る構造《こうぞう》になっていました。それは、都内《とない》と京葉臨海工業地帯《けいようりんかいこうぎょうちたい》をむすび、さらに成田空港《なりたくうこう》へつながる道路《どうろ》でした。

三階建《かいだ》てで十四車線《しゃせん》の道路《どうろ》。まだ日本《にほん》にはない巨大《きょだい》な高速道路《こうそくどうろ》です。そんな道路《どうろ》が団地《だんち》のすぐそばを通《とお》り、トラックや乗用車《じょうようしゃ》がどんどん走《はし》ったら、どうなるのでしょう。いくら防音壁《ぼうおんへき》をつくっても騒音《そうおん》は大《おお》きいだろうし、排気《はいき》ガスの数値《すうち》もとても高《たか》いものになるでしょう。道路《どうろ》ぎわでは、振動《しんどう》も大《おお》きなものになります。

「困《こま》ったことになった。三階建《かいだ》ての高速道路《こうそくどうろ》ができるらしいな」

「入居《にゅうきょ》する前《まえ》には、そんな話《はなし》はなにも聞《き》かされていなかったよね」

近所《きんじょ》の人《ひと》と会《あ》うと、埋《う》めたて工事《こうじ》や新《あたら》しくできる道路《どうろ》の話《はなし》になりました。

自治会《じちかい》の集会《しゅうかい》では、団地住民《だんちじゅうみん》の健康《けんこう》を守《まも》るために、埋《う》めたて工事《こうじ》と東京湾岸道路《とうきょうわんがんどうろ》の建設《けんせつ》には、強《つよ》く反対《はんたい》していこうと話《はな》し合《あ》いがなされました。

東京湾《とうきょうわん》の埋《う》めたては、となりの習志野市《ならしのし》、千葉市《ちばし》の海《うみ》でもおこなわれます。

「東京湾《とうきょうわん》には、カニや貝《かい》、魚《さかな》がいっぱいすんでいます。干潟《ひがた》は、海《うみ》のいろんな生《い》き物《もの》が卵《たまご》を産《う》み、その子《こ》どもが育《そだ》っていく場所《ばしょ》なんです。生《い》き物《もの》を育《そだ》てる貴重《きちょう》な場所《ばしょ》を、みんな埋《う》めたててしまうなんて、ひどいですよ」

「埋《う》めたて計画《けいかく》をすぐにやめてもらうよう、千葉県《ちばけん》に抗議《こうぎ》しましょう」

船橋市《ふなばしし》、習志野市《ならしのし》、千葉市《ちばし》など東京湾《とうきょうわん》の沿岸《えんがん》に住《す》む多《おお》く人《ひと》たちが、危機感《ききかん》を持《も》ちました。あちこちでグループをつくり、埋《う》めたて反対《はんたい》の運動《うんどう》をはじめました。東京湾岸《とうきょうわんがん》道路《どうろ》の建設《けんせつ》に反対《はんたい》するグループもできました。東京湾《とうきょうわん》の沿岸《えんがん》で十以上《いじょう》の団体《だんたい》ができました。

団地《だんち》の近《ちか》くにも、東京湾《とうきょうわん》の自然《しぜん》を守《まも》る活動《かつどう》をするグループ〈千葉《ちば》の干潟《ひがた》を守《まも》る会《かい》〉ができたのを知《し》りました。一九七一（昭和《しょうわ》四十六）年《ねん》三月《がつ》のことです。会《かい》をつくったのは、東京湾《とうきょうわん》の干潟《ひがた》に飛《と》んでくる野鳥《やちょう》を観察《かんさつ》していた人《ひと》たちです。メンバーは、日本《にほん》野鳥《やちょう》の会《かい》の会員《かいいん》、東邦大学《とうほうだいがく》野鳥《やちょう》の会《かい》の学生《がくせい》、船橋市《ふなばしし》や習志野市《ならしのし》の住民《じゅうみん》でした。

守《まも》る会《かい》は、〝生《い》き物《もの》のすむ東京湾《とうきょうわん》を子《こ》どもたちに残《のこ》そう〟というスローガンをかかげ、干潟《ひがた》の埋《う》めたて反対《はんたい》の運動《うんどう》をはじめていました。

ある日《ひ》団地《だんち》のバス停《てい》で、守《まも》る会《かい》のチラシをもらいました。「干潟《ひがた》」について何《なに》も知《し》らなかったわたしはチラシを読《よ》んで、東京湾《とうきょうわん》の干潟《ひがた》がとても貴重《きちょう》なものらしいと感《かん》じました。

「東京湾《とうきょうわん》の干潟《ひがた》について、少《すこ》し調《しら》べてみよう」

西船橋《にしふなばし》にある船橋《ふなばし》市立《しりつ》図書館《としょかん》に行《い》き、東京湾《とうきょうわん》、干潟《ひがた》について書《か》いた本《ほん》を探《さが》して、読《よ》んでみました。干潟《ひがた》というものが、少《すこ》しだけわかってきました。

3　生《い》き物《もの》の命《いのち》を育《そだ》てる海《うみ》

「干潟《ひがた》」とは、遠浅《とおあさ》の海岸《かいがん》で潮《しお》が引《ひ》いた時《とき》にあらわれる砂地《すなち》のことをいいます。川《かわ》の河口部分《かこうぶぶん》にできる小《ちい》さな砂地《すなち》も、湾《わん》の奥部《おくぶ》に何《なん》キロメートルもある大《おお》きな砂地《すなち》も干潟《ひがた》です。

上流《じょうりゅう》から流《なが》れてきて、河口《かこう》から湾《わん》に押《お》し出《だ》された砂《すな》や泥《どろ》は、少《すこ》しずつ海底《かいてい》につもっていきます。水深《すいしん》が一～四メートルの浅《あさ》い海《うみ》を浅瀬《あさせ》とよび、干潮《かんちょう》の時《とき》に砂地《すなち》があらわれる場所《ばしょ》を干潟《ひがた》といいます。

東京湾《とうきょうわん》には、いくつもの大小《だいしょう》の川《かわ》が流《なが》れこんでいます。江戸川《えどがわ》、荒川《あらかわ》、隅田川《すみだがわ》、多《た》摩川《まがわ》などの大《おお》きな川《かわ》、小櫃川《おびつがわ》、養老川《ようろうがわ》、鶴見川《つるみがわ》といった中《ちゅう》・小《しょう》の川《かわ》です。川《かわ》は水《みず》を運《はこ》ぶだけでなく、砂《すな》や泥《どろ》も運《はこ》んできます。浅瀬《あさせ》や干潟《ひがた》は、湾《わん》に流《なが》れこむ川《かわ》によってつくられました。

むかしの東京湾《とうきょうわん》にはとても大《おお》きな浅瀬《あさせ》と干潟《ひがた》が、千葉《ちば》から、船橋《ふなばし》、市川《いちかわ》、浦安《うらやす》、品《しな》川《がわ》、蒲田《かまた》、川崎《かわさき》、横浜《よこはま》と広《ひろ》がっていました。太平洋戦争前《たいへいようせんそうまえ》の一九三六（昭和《しょうわ》十一）年《ねん》には、浅瀬《あさせ》が三百《びゃく》八十一平方《へいほう》キロメートル、干潟《ひがた》は百《ひゃく》三十六平方《へいほう》キロメートルありました。東京湾《とうきょうわん》の干潟面積《ひがためんせき》は、九州《きゅうしゅう》の有明海《ありあけかい》についで二番目《ばんめ》に広《ひろ》いものでした。

干潟《ひがた》は海《うみ》にどんな役割《やくわり》をはたしているのでしょう。

川《かわ》の河口部《かこうぶ》や、そこから広《ひろ》がった干潟《ひがた》には、川《かわ》の上流《じょうりゅう》からたくさんの栄養分《えいようぶん》が運《はこ》ばれてきて積《つ》もります。干潟《ひがた》の表面《ひょうめん》に育《そだ》っている藻類《そうるい》は、太陽《たいよう》の光《ひかり》をうけて光合成《こうごうせい》をおこない、たくさんの*有機物《ゆうきぶつ》と酸素《さんそ》を生産《せいさん》します。こうした生産《せいさん》が活発《かっぱつ》におこなわれているので、干潟《ひがた》では多《おお》くの生《い》き物《もの》がすむことができるのです。

干潟《ひがた》は、カニやエビのなかま、貝《かい》、ゴカイなどさまざまな生《い》き物《もの》の生息場所《せいそくばしょ》になっています。そしてハゼ、カレイなど多《おお》くの魚《さかな》の産卵場所《さんらんばしょ》であり、その後《あと》、魚《さかな》が育《そだ》っていく場所《ばしょ》になっています。大型《おおがた》の魚《さかな》も満潮《まんちょう》の時《とき》に干潟《ひがた》にやってきて、エサを採《と》っていきます。

渡《わた》り鳥《どり》の生命《せいめい》をささえているのも干潟《ひがた》です。干潟《ひがた》や浅瀬《あさせ》は、渡《わた》り鳥《どり》が飛《と》んできて、エサを採《と》り、休息《きゅうそく》する場所《ばしょ》になっています。干潟《ひがた》には春《はる》と秋《あき》に、多《おお》くの渡《わた》り鳥《どり》が飛《と》んできます。東南《とうなん》アジアやオーストラリアなど南《みなみ》の地方《ちほう》から、中国《ちゅうごく》やシベリアをめざすシギやチドリです。秋《あき》から冬《ふゆ》には、北《きた》の地方《ちほう》からカモやカモメなどの渡《わた》り鳥《どり》もやって

＊ 葉《は》や枝《えだ》、動物排泄物《どうぶつはいせつぶつ》や死体《したい》の小《ちい》さなかけらや、かけらが腐《くさ》ったもの、藻類《そうるい》、微生物《びせいぶつ》などのこと。

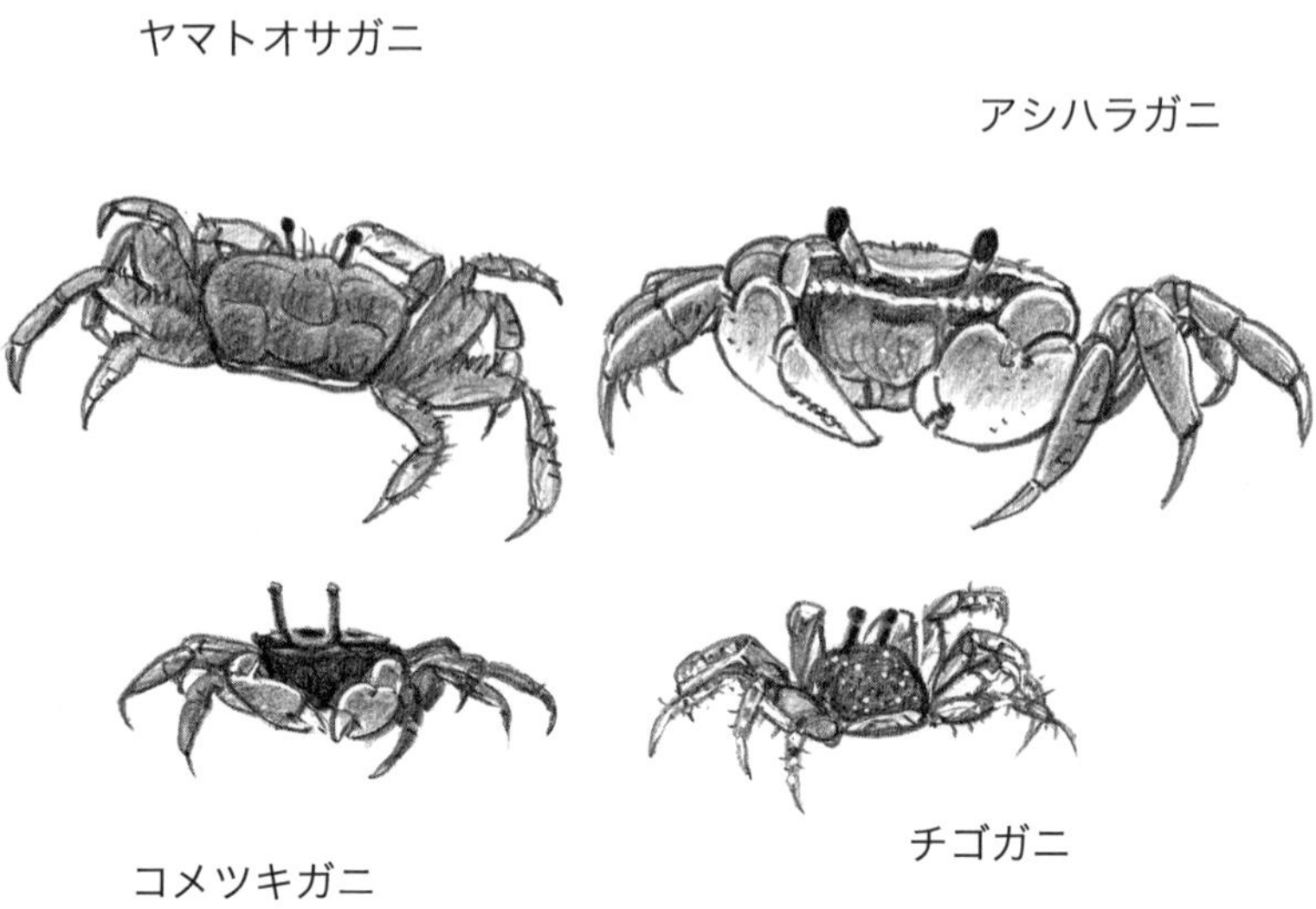

きます。

それらの渡《わた》り鳥《どり》は、干潟《ひがた》で羽《はね》を休《やす》め、エサを食《た》べてエネルギーを補給《ほきゅう》します。休息《きゅうそく》が終《お》わると、東京湾《とうきょうわん》からまた目的地《もくてきち》をめざして飛《と》んでいくのです。四季《しき》を通《つう》じて、干潟《ひがた》は鳥《とり》たちのエサ場《ば》として、休息《きゅうそく》場所《ばしょ》としてなくてはならない場所《ばしょ》になっています。

また干潟《ひがた》の役割《やくわり》として大切《たいせつ》なのは、海《うみ》のよごれを取《と》ってきれいにする働《はたら》きです。干潟《ひがた》に太陽《たいよう》の光《ひかり》があたると、表面《ひょうめん》の小《ちい》さな藻類《そうるい》の光合成作用《こうごうせいさよう》を助《たす》けて、酸素《さんそ》をあたえてくれます。また干潟《ひがた》に打《う》ちよせる波《なみ》は、動植物《どうしょくぶつ》の死体《したい》やフンを細《こま》かくだいてくれます。

干潟《ひがた》には、たくさんのカニがすんでいます。カニたちは、海《うみ》の底《そこ》にしずんだ有機物《ゆうきぶつ》をかきとって食《た》べます。干潟《ひがた》に穴《あな》を掘《ほ》って、砂《すな》や泥《どろ》をせっせと運《はこ》びだし、砂《すな》や泥《どろ》の中《なか》の有機物《ゆうきぶつ》をすくって食《た》べるのです。ゴカイなどの多毛類《たもうるい》、アサリやシオフキ、ハマグリなどの二枚貝《にまいがい》も、海底《かいてい》の近《ちか》くに浮《う》かんでいる有機物《ゆうきぶつ》を海水《かいすい》といっしょに吸《す》いこんで食《た》べています。

二枚貝《にまいがい》は、干潟《ひがた》をきれいにするため、大《おお》きな役割《やくわり》をはたします。たとえば一ぴきのアサリが*濾過《ろか》する海水《かいすい》の量《りょう》は、一日《にち》あたり二リットルにもなります。東京湾《とうきょうわん》にいる数《かず》えきれないほどのアサリは、海水《かいすい》をきれいにし、有機物《ゆうきぶつ》を取《と》りのぞいているのです。

潮《しお》が引《ひ》いた干潮《かんちょう》の時間《じかん》に、干潟《ひがた》があらわれます。その時《とき》、砂《すな》や泥《どろ》のすきま、カニなど生物《せいぶつ》の掘《ほ》った穴《あな》に海水《かいすい》がしみこんでいきます。逆《ぎゃく》に、潮《しお》が満《み》ちて海《うみ》が寄《よ》せてくる時《とき》には、海水《かいすい》をきれいにするバクテリアがいるすきまや、穴《あな》から、海水《かいすい》が吹《ふ》き出《で》てきます。

このように、干潟《ひがた》は砂《すな》を濾過《ろか》する大《おお》きな装置《そうち》なのです。

「へえー、自然《しぜん》はうまくできているな。干潟《ひがた》には、たくさんの生《い》き物《もの》がいることがわかったよ。干潟《ひがた》は海《うみ》に対《たい》して、大《おお》きな役割《やくわり》をはたしているんだ」

＊ まざりものを取《と》って、きれいにすること。

少《すこ》し勉強《べんきょう》して、東京湾《とうきょうわん》に対《たい》するイメージがまちがっていたことがわかりました。

東京湾《とうきょうわん》といえば、大《おお》きなタンカーや大型《おおがた》の貨物船《かもつせん》、＊1ＬＰＧ船《せん》が行《い》きかう湾《わん》です。川崎《かわさき》や横浜《よこはま》、千葉《ちば》には、海《うみ》の近《ちか》くにコンビナートもあります。海《うみ》の水《みず》は汚《よご》れていて、あまりきれいでないイメージがありました。生《い》き物《もの》がたくさんすむとは思《おも》ってもいませんでした。

さらに驚《おどろ》いたのは、その東京湾《とうきょうわん》でまださかんに漁業《ぎょぎょう》がおこなわれていることでした。若松団地《わかまつだんち》の近《ちか》くには、船橋漁港《ふなばしぎょこう》があります。その港《みなと》は大《おお》きな漁業基地《ぎょぎょうきち》で、巻《ま》き網漁《あみりょう》の船《ふね》やアサリ船《ぶね》など二百隻《ひゃくせき》の船《ふね》がいます。一年中《ねんじゅう》、活発《かっぱつ》に漁業《ぎょぎょう》をやっていることを知《し》りました。

「東京湾《とうきょうわん》で、いまどんな漁《りょう》をやっているのだろう」

知《し》りたくなったわたしは、船橋漁業組合《ふなばしぎょぎょうくみあい》をたずね、漁師《りょうし》の大野一敏《おおのかずとし》さんを紹介《しょうかい》してもらいました。すぐに漁港《ぎょこう》の近《ちか》くの大野《おおの》さんの家《いえ》をたずねていきました。

「国松《くにまつ》さん、船橋《ふなばし》の漁業《ぎょぎょう》はね、とても古《ふる》い歴史《れきし》を持《も》っているんですよ」

最初《さいしょ》に船橋浦《ふなばしうら》の漁業《ぎょぎょう》の歴史《れきし》を話《はな》してくれました。

江戸時代《えどじだい》のはじめ、徳川家康《とくがわいえやす》は長男《ちょうなん》の秀忠《ひでただ》をつれて、よく＊2東金《とうがね》に鷹狩《たかが》りに出《で》かけました。江戸《えど》を出《で》て、船橋《ふなばし》から御成街道《おなりかいどう》を通《とお》って東金《とうがね》に向《む》かいます。東金《とうがね》へ行《い》くとちゅうや帰《かえ》りに日《ひ》が暮《く》れると、一行《いっこう》は船橋《ふなばし》で宿泊《しゅくはく》しました。

その時《とき》の食事《しょくじ》には、船橋《ふなばし》の海《うみ》でとれた魚《さかな》が出《だ》されました。その魚《さかな》がおいしくて、家康《いえやす》はとても気《き》に入《い》りました。それで家康《いえやす》は、船橋《ふなばし》の海《うみ》を「御菜浦《おさいうら》」に指定《してい》したのです。御菜浦《おさいうら》とは、将軍家《しょうぐんけ》が食《た》べる魚《さかな》や貝《かい》をとる漁場《ぎょじょう》のことです。それから毎年《まいとし》、船橋浦《ふなばしうら》の魚《さかな》は江戸城《えどじょう》に献上《けんじょう》されました。そのころからずっと、船橋《ふなばし》の漁業《ぎょぎょう》はさかんにおこなわれてきたのです。いま船橋《ふなばし》の漁師《りょうし》がやっている漁《りょう》は、「巻《ま》き網漁《あみりょう》」、「小型底曳《こがたそこび》き漁《りょう》」、「刺《さ》し網漁《あみりょう》」、「アサリ漁《りょう》」、「ノリの養殖《ようしょく》」です。

大野一敏《おおのかずとし》さんは、船橋市《ふなばしし》で古《ふる》くからつづく漁師《りょうし》の家《いえ》に生《う》まれました。十七歳《さい》の時《とき》に漁師《りょうし》となって、ずっと東京湾《とうきょうわん》の魚《さかな》を追《お》ってきました。大野《おおの》さんの漁《りょう》は巻《ま》き網漁《あみりょう》です。

「東京湾《とうきょうわん》でとれる魚《さかな》は、マイワシがいちばん多《おお》くて、つぎにカタクチイワシ、コノシロですね。それから、スズキ、ヒラメ、カレイ、サバ、アジの順《じゅん》になりますよ」

大野《おおの》さんの巻《ま》き網漁《あみりょう》は、二そうの船《ふね》で魚《さかな》の群《む》れを巻《ま》いて捕《と》らえます。

「東京湾《とうきょうわん》の海底《かいてい》は岩場《いわば》が少《すく》なくて、障害物《しょうがいぶつ》もあまりないんです。潮《しお》の流《なが》れもゆっくりなので、巻《ま》き網漁《あみりょう》をするのに向《む》いています。巻《ま》き網漁《あみりょう》は、群《む》れをつくる魚《さかな》をとるのに

＊1　LPG（液化天然《えきかてんねん》ガス）を輸送《ゆそう》する船《ふね》。　＊2　現在《げんざい》の千葉県東金市《ちばけんとうがねし》、千葉県《ちばけん》の中東部《ちゅうとうぶ》。

(右《みぎ》) 太平丸《たいへいまる》がイワシの群《む》れを見《み》つけた。網船《あんぶね》がどんどん海《うみ》に網《あみ》を投《な》げ入《い》れていく。すぐ後《うし》ろを伝馬船《てんません》が走《はし》り、入《い》れた網《あみ》のようすをしらべる。

(下《した》) イワシの大群《たいぐん》をとらえた。大《お》野《の》さんが大声《おおごえ》でさしずをして、網《あみ》を少《すこ》しずつ引《ひ》き上《あ》げていく。網《あみ》の中《なか》にはイワシがいっぱいだ。

向《む》いていますね。底曳《そこび》き漁《りょう》のように、魚《さかな》ならなんでも無差別《むさべつ》にとってしまう漁《りょう》とはちがうんです。ねらった魚《さかな》だけをとる漁《りょう》ですね」

大野《おおの》さんは、五トンに少《すこ》し足《た》りない網船《あんぶね》を二そう、*1手船《てぶね》、*2伝馬船《てんません》の四そうで漁《りょう》をやります。漁師《りょうし》十六人《にん》が一つのチームになって、漁《りょう》にのぞみます。

「巻《ま》き網漁《あみりょう》では、春《はる》はボラ、サヨリ、大羽《おおば》イワシをとり、夏《なつ》はサワラとスズキをとりますね。秋《あき》から冬《ふゆ》にかけては、中羽《ちゅうば》イワシ、コハダです」

巻《ま》き網漁《あみりょう》は、魚《さかな》の大《おお》きな群《む》れを見《み》つけて、一網打尽《いちもうだじん》に捕《と》らえる漁《りょう》です。東京湾《とうきょうわん》を船《ふね》で走《はし》りながら、魚群探知機《ぎょぐんたんちき》で群《む》れをさがします。魚群《ぎょぐん》の真上《まうえ》にくると、探知機《たんちき》が魚影《ぎょえい》をうつしてくれます。魚《さかな》の群《む》れを見《み》つけると、二そうの網船《あんぶね》は左右《さゆう》にわかれ、走《はし》りながら網《あみ》を海《うみ》の中《なか》に入《い》れていきます。半周《はんしゅう》ずつ走《はし》って、魚《さかな》の群《む》れを丸《まる》くとりかこみます。とりかこむと、網《あみ》の底《そこ》のワイヤーロープを巻《ま》きながら、しぼりはじめます。網《あみ》を袋《ふくろ》の形《かたち》にして、魚《さかな》の群《む》れをすくいあげるのです。

網《あみ》の大部分《だいぶぶん》が上《あ》がると、手船《てぶね》がやってきます。手船《てぶね》と網船《あんぶね》の三そうは、網《あみ》の中《なか》の魚《さかな》をつかみやすいように、コの字型《じがた》にならびます。そして網《あみ》の中《なか》の魚《さかな》を大《おお》きなタモ網《あみ》ですくい上《あ》げ、手船《てぶね》の*3魚倉《ぎょそう》に入《い》れていくのです。魚《さかな》を魚倉《ぎょそう》いっぱいに積《つ》みこむと、手船《てぶね》

＊1　とらえた魚《さかな》をつみこむ船《ふね》。　＊2　巻《ま》き網漁《あみりょう》を補助《ほじょ》する船《ふね》。　＊3　漁船《ぎょせん》で、漁獲物《ぎょかくぶつ》を収納《しゅうのう》する所《ところ》。

はすぐに港《みなと》に向《む》かいます。一分《ぷん》でも早《はや》く、活《い》きのよい魚《さかな》を市場《いちば》にとどけます。

大野《おおの》さんは、巻《ま》き網漁《あみりょう》の写真《しゃしん》を見《み》せながら、船橋《ふなばし》の漁業《ぎょぎょう》について話《はな》してくれました。

「漁《りょう》を体験《たいけん》したいというのなら、うちの太平丸《たいへいまる》に乗《の》せて上《あ》げますよ。そうすれば、巻《ま》き網漁《あみりょう》がどんなものか、ようくわかるでしょう」

漁船《ぎょせん》に乗《の》せてもらう約束《やくそく》までしてもらいました。

大野《おおの》さんの話《はなし》を聞《き》いて、東京湾《とうきょうわん》は死《し》んだ海《うみ》ではなく、生命《せいめい》にあふれた豊《ゆた》かな海《うみ》だと知《し》りました。東京湾《とうきょうわん》は、よごれた汚《きたな》い海《うみ》、死《し》んだ海《うみ》ではないかと思《おも》っていた自分《じぶん》が恥《は》ずかしくなりました。

「生命《せいめい》にあふれた海《うみ》、生命《せいめい》を育《そだ》てる干潟《ひがた》を残《のこ》すために、わたしも意思表示《いしひょうじ》をしよう」

そう思《おも》ったわたしは、干潟《ひがた》を守《まも》る会《かい》に入《はい》ることにしました。同《おな》じ団地《だんち》に住《す》んでいる桜井英博《さくらいひでひろ》さんが会員《かいいん》だとわかったので、紹介《しょうかい》してもらって、入会《にゅうかい》しました。

4　東京湾《とうきょうわん》の渡《わた》り鳥《どり》に会《あ》った

千葉《ちば》の干潟《ひがた》を守《まも》る会《かい》は、東京湾《とうきょうわん》の埋《う》めたて反対《はんたい》のために、いろんな活動《かつどう》をしていました。まず、＊環境庁《かんきょうちょう》、千葉県《ちばけん》、習志野市《ならしのし》など役所《やくしょ》にうったえる活動《かつどう》です。つぎは、船橋市《ふなばしし》、習志野市《ならしのし》など地元《じもと》の人《ひと》たちに、干潟《ひがた》の豊《ゆた》かさ、すばらしさを知《し》ってもらう活動《かつどう》でした。チラシをつくって駅《えき》や団地《だんち》で配《くば》り、ポスターの掲示《けいじ》をします。地元《じもと》にある団地《だんち》で、写真展《しゃしんてん》を開《ひら》くこともありました。そのころ東京湾《とうきょうわん》の沿岸《えんがん》には、埋《う》めたて反対《はんたい》や、湾岸道路《わんがんどうろ》反対《はんたい》のグループがいくつもありました。それらのグループと連絡《れんらく》を取《と》り合《あ》って、つながりを持《も》つことも大切《たいせつ》な活動《かつどう》でした。

機関紙《きかんし》「干潟《ひがた》を守《まも》る」も、月《つき》に一回発行《かいはっこう》していました。なぜ東京湾《とうきょうわん》の自然《しぜん》を残《のこ》すのか。埋《う》めたて工事《こうじ》は、いまどこまで進《すす》んでいるのか。そうしたことを書《か》いて、多《おお》くの人《ひと》に、東京湾《とうきょうわん》の自然《しぜん》を守《まも》ることの大切《たいせつ》さと会《かい》の活動《かつどう》を知《し》らせていました。機関紙《きかんし》は、千葉県外《ちばけんがい》の人《ひと》にも送《おく》っていました。

それから力《ちから》を入《い》れていたのは、自然観察会《しぜんかんさつかい》です。干潟《ひがた》の豊《ゆた》かさ、すばらしさを理解《りかい》

＊　現在《げんざい》の環境省《かんきょうしょう》。

してもらうため、年《ねん》に何回《なんかい》か干潟《ひがた》の自然観察会《しぜんかんさつかい》をおこなっていました。

ところがわたしは、じっさいに干潟《ひがた》を歩《ある》いて観察《かんさつ》したことはありません。干潟《ひがた》がどんなものか、干潟《ひがた》を歩《ある》いてみないといけない、そう考《かんが》えて、一九七三年《ねん》の四月末《がつまつ》、干《ひ》潟《がた》の自然観察会《しぜんかんさつかい》に参加《さんか》しました。

「観察会《かんさつかい》ってどんなことをやるのだろう、干潟《ひがた》にはどんな生《い》き物《もの》がいるのかな？」

ちょっとどきどきしながら参加《さんか》しました。

その観察会《かんさつかい》は、習志野市《ならしのし》袖ケ浦団地《そでがうらだんち》の南側《みなみがわ》に広《ひろ》がる干潟《ひがた》でおこなわれました。ゴム長靴《ながぐつ》をはいて、集合地点《しゅうごうちてん》に行《い》きました。リーダーの田久保晴孝《たくぼはるたか》さんが、にこにこしてむかえてくれました。参加者《さんかしゃ》は二十人《にん》ほどです。田久保《たくぼ》さんは、生物《せいぶつ》にくわしく、守《まも》る会《かい》で熱心《ねっしん》に活動《かつどう》している会員《かいいん》でした。

潮《しお》の引《ひ》いた海《うみ》をながめると、泥《どろ》が多《おお》い干潟《ひがた》はねずみ色《いろ》で、海藻《かいそう》、板切《いたき》れ、プラスチックの容器《ようき》などがころがっています。

「こんな汚《きたな》いところに、生《い》き物《もの》がいるのかなあ」

少《すこ》し心配《しんぱい》になってきました。

観察会《かんさつかい》がはじまりました。参加者《さんかしゃ》は、干潟《ひがた》に下《お》りて砂《すな》と泥《どろ》の浜《はま》を歩《ある》きはじめました。

すぐにリーダーの田久保《たくぼ》さんが立《た》ち止《ど》まり、干潟《ひがた》を指《ゆび》さしました。砂《すな》だんごがいっぱいちらばっているところに、甲《こう》の幅《はば》が一センチほどのカニがいました。背中《せなか》は砂《すな》とおなじような色《いろ》をしていて、腹《はら》はあざやかな紫色《むらさきいろ》です。干潟《ひがた》にある砂《すな》だんごは、みんな、このコメツキガニの食《た》べかすでした。

「コメツキガニは、干潟《ひがた》の砂《すな》や泥《どろ》を口《くち》にいれ、有機物《ゆうきぶつ》やこまかな生《い》き物《もの》だけを食《た》べるんです。のこりは小《ちい》さなだんごにして、巣穴《すあな》のまわりにばらまきます」

コメツキガニは、ハサミを上下《じょうげ》させながら砂《すな》や泥《どろ》をすくう動作《どうさ》が、米《こめ》をつくのに似《に》ています。それでコメツキの名前《なまえ》がついた、と教《おし》えてもらいました。

さらに行《い》くと、干潟《ひがた》に無数《むすう》の小《ちい》さな穴《あな》があいていて、穴《あな》から小《ちい》さなカニが出《で》てきました。チゴガニです。たくさんのチゴガニは、みんなハサミをふっています。足《あし》でふんばって立《た》ち、両方《りょうほう》のはさみを上下《じょうげ》にふり動《うご》かして、ダンスをしているのでした。一分間《ぷんかん》に約《やく》三十回《かい》もハサミを上下《じょうげ》します。このダンスは、なわばりを守《まも》り、メスを呼《よ》びよせる、エラに空気《くうき》をとかしこむなど、いろいろ役目《やくめ》があるのです。

チゴガニも、コメツキガニとおなじように砂《すな》だんごをつくります。砂《すな》や泥《どろ》についた有機物《ゆうきぶつ》を食《た》べて、干潟《ひがた》をせっせときれいにしているのでした。

むこうを見《み》ると、大《おお》きなカニがいました。ヤマトオサガニでした。足《あし》もとの泥《どろ》を掘《ほ》ってみると、貝《かい》が見《み》つかりました。アサリです。バカガイを見《み》つけた人《ひと》もいました。ここにはゴカイもいます。杭《くい》には、フジツボとイソギンチャクがついていました。

水《みず》たまりにあるごみをひっくり返《かえ》すと、ケフサイソガニ、ヤドカリがあわててはいだし、にげていきました。杭《くい》の下《した》を観察《かんさつ》していると、近《ちか》くからこんな音《おと》がします。

プチプチ、プチプチプチ……。

「干潟《ひがた》の表面《ひょうめん》に、こまかな穴《あな》がたくさんあいているでしょう。穴《あな》の中《なか》には、アシナガゴカイがすんでいます」

ゴカイが体《からだ》を巣穴《すあな》から出《だ》して、地面《じめん》についているバクテリアや原生動物《げんせいどうぶつ》のかたまりをせっせと食《た》べています。プチプチプチ……という音《おと》は、アシナガゴカイが元気《げんき》に食《しょく》事《じ》をしている音《おと》でした。

海水《かいすい》には、微生物《びせいぶつ》の死《し》がいや、植物《しょくぶつ》の切《き》れはし、動物《どうぶつ》のフン、バクテリア、原生動《げんせいどう》物《ぶつ》などがふくまれています。どれも海水《かいすい》の汚《よご》れの原因《げんいん》となります。潮《しお》が満《み》ちてくると、これらはみんな干潟《ひがた》の底《そこ》に沈《しず》んで、砂《すな》や泥《どろ》にくっつきます。潮《しお》がひいたあと、アシナガゴカイは、それらをかたっぱしから食《た》べるのでした。

「へえ、干潟《ひがた》にいるたくさんのカニやゴカイが、東京湾《とうきょうわん》をきれいにしているんだ」

わたしはすっかり感心《かんしん》してしまいました。

小《ちい》さな水《みず》たまりには、トビハゼがいました。全長《ぜんちょう》十一センチメートルほどの魚《さかな》です。干潟《ひがた》の砂《すな》や泥《どろ》の上《うえ》をはいまわって、食《た》べ物《もの》をさがします。*有明海《ありあけかい》には、泥《どろ》の上《うえ》をはいまわるムツゴロウがいることで知《し》られています。トビハゼの大《おお》きさは、ムツゴロウの半分《はんぶん》くらいです。

参加者《さんかしゃ》のひとりが、そおっと手《て》をのばしてつかまえようとしました。するとトビハゼは、ピョーンと跳《と》びはねてにげていきました。すばしこい魚《さかな》です。岸《きし》からながめていたのではわかりません。干潟《ひがた》に下《お》りて歩《ある》くと、多《おお》くの生《い》き物《もの》が水《みず》たまりや泥《どろ》の中《なか》にいて、たくましく生《い》きていました。面白《おもしろ》くなってきました。

「干潟《ひがた》は、魚《さかな》たちのゆりかごとよばれます。魚《さかな》たちがここで卵《たまご》を産《う》み、かえった稚魚《ちぎょ》は赤《あか》ん坊《ぼう》や子《こ》どもの時代《じだい》を、ここで過《す》ごすんです」

干潟《ひがた》には食《た》べものがいっぱいあって、飢《う》えることはないのだそうです。

かなり沖《おき》まで歩《ある》いたところで、リーダーの田久保《たくぼ》さんは、かついでいた三脚《さんきゃく》の付《つ》い

＊ 九州北西部《きゅうしゅうほくせいぶ》にある海《うみ》。

た望遠鏡《ぼうえんきょう》を下《お》ろし、地面《じめん》にセットしました。

「倍率《ばいりつ》は四十倍《ばい》あります。かなり遠《とお》くのものでも、大《おお》きくしっかり見《み》える望遠鏡《ぼうえんきょう》なんですよ」

望遠鏡《ぼうえんきょう》でなにかを見《み》つけたのか、田久保《たくぼ》さんがいいました。

「どうぞ、のぞいてみて下《くだ》さい」

田久保《たくぼ》さんにいわれ、そばにいたわたしは望遠鏡《ぼうえんきょう》をのぞきました。のぞいてびっくりしました。細長《ほそなが》いくちばしの鳥《とり》が、何羽《なんわ》も地面《じめん》をつついているのが見《み》えたのです。

「すごーい、鳥《とり》がいますよ」

「ええ。望遠鏡《ぼうえんきょう》にはいっているのは、オオソリハシシギです」

野鳥図鑑《やちょうずかん》のページを開《ひら》いて、見《み》せてくれました。望遠鏡《ぼうえんきょう》で見《み》た鳥《とり》が、描《えが》かれていました。長《なが》い足《あし》、ちょっと上《うえ》に反《そ》った長《なが》いくちばし、あざやかな赤茶色《あかちゃいろ》の羽《はね》。オオソリハシシギです。ハトより少《すこ》し大《おお》きな鳥《とり》で、春《はる》の干潟《ひがた》を代表《だいひょう》するシギだと教《おし》えてもらいました。

「赤茶色《あかちゃいろ》の羽《はね》は、夏《なつ》の羽《はね》です。今《いま》の時期《じき》、冬《ふゆ》の羽《はね》から夏《なつ》の羽《はね》に変《か》わっていくんです」

オオソリハシシギは、くちばしを泥《どろ》の干潟《ひがた》につきさしながら、いそがしそうにエサを探《さが》していました。

つぎに望遠鏡《ぼうえんきょう》でとらえたのは、白《しろ》と赤《あか》と茶色《ちゃいろ》のもようの鳥《とり》です。干潟《ひがた》を低《ひく》い姿勢《しせい》で歩《ある》きながら、石《いし》や木片《もくへん》、藻《も》をひっくり返《かえ》していました。とても特徴《とくちょう》のある色《いろ》ともようです。

「あの鳥《とり》は、キョウジョシギといいます。京《きょう》の女《おんな》の人《ひと》のように、きれいな色《いろ》ともようの鳥《とり》なので、京女《きょうじょ》シギという名前《なまえ》になったんですよ」

どうして石《いし》や木片《もくへん》などをひっくり返《かえ》しているのか、聞《き》きました。

「ああやって、石《いし》の下《した》や木《き》の下《した》にいる小動物《しょうどうぶつ》を探《さが》しているんですよ」

田久保《たくぼ》さんが答《こた》えてくれました。キョウ

（上《うえ》）キョウジョシギ。顔《かお》から胸《むね》にかけて、歌舞伎《かぶき》の役者《やくしゃ》のくまどりのようなもようのあるシギ。

（右《みぎ》）カニをとらえたチュウシャクシギ。干潟《ひがた》の泥《どろ》の穴《あな》に長《なが》いくちばしをさしこみ、カニを上手《じょうず》にとらえて穴《あな》から引《ひ》きだす。

ジョシギは力持《ちからも》ちで、かなり大《おお》きな石《いし》でもひっくり返《かえ》してしまうとのことでした。

キョウジョシギは、干潟《ひがた》で見《み》つかるものなら、なんでも食《た》べてしまうといいます。貝類《かいるい》、ゴカイ、アナジャコ、ほかの鳥《とり》が食《た》べのこしたカニの足《あし》やはさみも食《た》べてしまいます。そのたくましさに感心《かんしん》してしまいました。

望遠鏡《ぼうえんきょう》をのぞいていた女《おんな》の人《ひと》が、大《おお》きな声《こえ》をあげました。

「すごーい、長《なが》いくちばしの鳥《とり》がいましたあ。かっこいい」

田久保《たくぼ》さんはすぐに望遠鏡《ぼうえんきょう》を

のぞき、あの鳥《とり》はダイシャクシギだといいました。望遠鏡《ぼうえんきょう》をのぞかせてもらいました。大型《おおがた》で、長《なが》いくちばしの鳥《とり》です。その前《まえ》に見《み》たオオソリハシシギは、くちばしが上《うえ》に反《そ》っていましたが、この鳥《とり》は下《した》に弓《ゆみ》なりにまがっています。ゆっくり歩《ある》いて、地面《じめん》の穴《あな》にくちばしをさしこんでいました。

「ダイシャクシギは、カニをさがしているんですよ」

わたしはわくわくしながら望遠鏡《ぼうえんきょう》をのぞいていました。

ダイシャクシギが泥《どろ》の穴《あな》からくちばしを引《ひ》きぬくと、先《さき》にカニをくわえていました。大《おお》きなカニです。シギはくわえたカニの体《からだ》をふりまわし、はさみや足《あし》をもぎとって、カニの胴体《どうたい》だけをつるんと飲《の》みこんでしまいました。

「はあ、なんと器用《きよう》なんだろう。面白《おもしろ》い」

シギがカニをつかまえて食《た》べるのは、はじめて見《み》ました。すっかりおどろき、うれしくなってしまいました。

干潟《ひがた》には、ほかにもハマシギやキアシシギなどのシギ類《るい》、シロチドリやコチドリなどのチドリ類《るい》がいました。

「いま観察《かんさつ》しているシギやチドリは、みんな南《みなみ》の地方《ちほう》から飛《と》んできた渡《わた》り鳥《どり》です。旅《たび》のとちゅうに東京湾《とうきょうわん》に立《た》ちよって、エサをとり、休息《きゅうそく》をしています。ここでエネルギーをたくわえて、またシベリアや中国《ちゅうごく》へ飛《と》んでいくんですよ」

田久保《たくぼ》さんの話《はなし》を聞《き》いて、干潟《ひがた》が多《おお》くの生《い》き物《もの》とつながっていることを知《し》りました。本《ほん》で勉強《べんきょう》したことを、観察会《かんさつかい》で実感《じっかん》しました。

住《す》んでいる団地《だんち》のすぐ近《ちか》くに、こんなに多《おお》くの渡《わた》り鳥《どり》がくることにおどろいていました。

渡《わた》り鳥《どり》ってなんと生《い》き生《い》きしているんだろう。いろんな種類《しゅるい》がいて、みんなきれいだ。野鳥《やちょう》の世界《せかい》って面白《おもしろ》いな。わたしの心《こころ》は、すっかり野鳥《やちょう》にとらえられていました。

その三日後《かご》、双眼鏡《そうがんきょう》とハンディな野鳥図鑑《やちょうずかん》を買《か》いました。そして、ひとりで野鳥観《やちょうかん》察《さつ》をはじめました。

守《まも》る会《かい》の会員《かいいん》には、野鳥《やちょう》についてくわしい飯島滋哉《いいじましげや》さんや、石川勉《いしかわつとむ》さんがいました。わたしに鳥《とり》のことをいろいろ教《おし》えてくれました。

その後《ご》わたしは、いろんな野鳥《やちょう》と出会《であ》って野鳥《やちょう》が大好《だいす》きになっていきます。そして鳥《とり》たちから、自然《しぜん》のこと、生《い》き物《もの》のこと、地球《ちきゅう》のことなど、いろんなことを教《おそ》わることになるのです。

5　こどもつうしん「シロチドリ」

東京湾《とうきょうわん》の渡《わた》り鳥観察《どりかんさつ》が、日《ひ》ごとに楽《たの》しくなっていきました。

わたしが熱心《ねっしん》に観察《かんさつ》していたのは、シギとチドリです。東京湾《とうきょうわん》には、春《はる》と秋《あき》の渡《わた》りの季節《きせつ》に、何種類《なんしゅるい》ものシギとチドリが飛《と》んできます。彼《かれ》らの多《おお》くは、夏《なつ》にシベリアやアラスカで繁殖《はんしょく》し、子育《こそだ》てが終《お》わると東南《とうなん》アジアやオーストラリアへ渡《わた》っていきます。地球《ちきゅう》の南《みなみ》から北《きた》、北《きた》から南《みなみ》へと長《なが》い距離《きょり》の旅《たび》を、毎年《まいとし》つづけているのです。

春《はる》の渡《わた》りは、三月下旬《がつげじゅん》からはじまります。四月《がつ》の終《お》わりから五月《がつ》はじめが、いちばんさかんな季節《きせつ》になります。そのころ、シギとチドリは十七種《しゅ》、五千羽《せんば》にもなります。谷津干潟《やつひがた》や三番瀬《さんばんせ》などで休息《きゅうそく》し、エサをしっかり食《た》べます。エネルギーをたくわえると、北《きた》へ向《む》かって飛《と》びたっていきます。

大《おお》きなシギ、小《ちい》さなチドリ、くちばしの長《なが》い鳥《とり》、短《みじか》い鳥《とり》。干潟《ひがた》の鳥《とり》の羽《はね》は茶色《ちゃいろ》が中《ちゅう》心《しん》で地味《じみ》です。でも望遠鏡《ぼうえんきょう》で見《み》ると、とても鮮《あざ》やかな色《いろ》で、はっとします。春《はる》から夏《なつ》は、夏羽《なつばね》に衣《ころも》がえして、目《め》のさめるようなきれいな羽《はね》になります。望遠鏡《ぼうえんきょう》をのぞいて、シギ・チドリたちの羽《はね》の色《いろ》やもようをながめるのは、楽《たの》しいものでした。

とくにオオソリハシシギの頭《あたま》から胸《むね》にかけての美《うつく》しい赤茶色《あかちゃいろ》、ダイゼンの白《しろ》と黒《くろ》は、見《み》ていると胸《むね》がわくわくしました。野鳥観察《やちょうかんさつ》の大《おお》きなよろこびです。

シギの中《なか》に、「トウネン」という名前《なまえ》のシギを見《み》つけました。体長《たいちょう》十五センチメートルで、スズメよりほんの少《すこ》し大《おお》きいシギです。くちばしも足《あし》も短《みじか》くて、大人《おとな》の手《て》のひらにすっぽりはいるほどの大《おお》きさです。体重《たいじゅう》は二十五グラム、一円玉《えんだま》二十五枚《まい》くらいの重《おも》さです。そのトウネンが、年《ねん》二回《かい》、地球《ちきゅう》の南《みなみ》から北《きた》まで、一万《まん》キロメートルの旅《たび》をすると知《し》りました。

「あんな小《ちい》さな体《からだ》で、南半球《みなみはんきゅう》から北半球《きたはんきゅう》への大旅行《だいりょこう》をするなんて、すごいなあ」

とても感動《かんどう》しました。それからトウネンを見《み》つけると、いつも「がんばって北《きた》へ飛《と》んでいけよ」と声《こえ》をかけました。

鳥《とり》が好《す》きになると、干潟《ひがた》の役割《やくわり》、重要性《じゅうようせい》をますます実感《じっかん》するようになりました。すると、疑問《ぎもん》がわいてきました。千葉県《ちばけん》は、なぜ生《い》き物《もの》に大切《たいせつ》な干潟《ひがた》を埋《う》めてしまおうとするのか、という疑問《ぎもん》です。

東京湾《とうきょうわん》では、江戸時代《えどじだい》から少《すこ》しずつ埋《う》めたてがおこなわれてきました。人口《じんこう》がふえてくると、土地《とち》は必要《ひつよう》になります。人間《にんげん》が活動《かつどう》するため、少《すこ》しの埋《う》めたてならしかたないと思《おも》います。

けれど、千葉県《ちばけん》がやろうとしているのは、東京《とうきょう》に近《ちか》い浦安市《うらやすし》から南《みなみ》の富津市《ふっつし》までの、広大《こうだい》な干潟《ひがた》をほとんど埋《う》めたててしまう計画《けいかく》でした。浦安市《うらやすし》、船橋市《ふなばしし》、習志野市《ならしのし》、千葉市《ちばし》、木更津市《きさらづし》、富津市《ふっつし》までの地域《ちいき》にまたがります。埋《う》めたてたところ、工事中《こうじちゅう》のところ、計画中《けいかくちゅう》のところを全部足《ぜんぶた》すと、面積《めんせき》は約《やく》一万《まん》一千《せん》ヘクタールにもなりました。その面積《めんせき》は、東京都《とうきょうと》二十三区《く》の半分《はんぶん》の広《ひろ》さで、東京《とうきょう》ドームが二千《せん》三百《びゃく》五十二個《こ》入《はい》る広《ひろ》さです。

東京湾《とうきょうわん》の干潟《ひがた》は、大昔《おおむかし》の日本人《にほんじん》から受《う》けついできたものです。その海《うみ》を大切《たいせつ》に守《まも》って未来《みらい》の子《こ》どもたちに受《う》けつぐのは、いま生《い》きている人間《にんげん》の役目《やくめ》です。けれど千葉県《ちばけん》は、そんなことを考《かんが》えていません。勝手《かって》に埋《う》めたてて、土地《とち》を企業《きぎょう》に売《う》りはらって儲《もう》けようとしているのでした。どうして、そんなことが許《ゆる》されるのでしょう。

守《まも》る会《かい》の代表《だいひょう》、大浜清《おおはまきよし》さんが教《おし》えてくれました。

「国松《くにまつ》さん、〝公有水面埋立法《こうゆうすいめんうめたてほう》〟という法律《ほうりつ》があります。国《くに》が所有《しょゆう》している河川《かせん》、海《うみ》、湖《みずうみ》、沼《ぬま》などの、埋《う》めたてと干拓《かんたく》についての法律《ほうりつ》です」

「それは、どんな法律《ほうりつ》ですか？」

「東京湾《とうきょうわん》の干潟《ひがた》、遠浅《とおあさ》の海《うみ》は公《おおやけ》の海《うみ》で、その中《なか》で千葉県沿岸《ちばけんえんがん》のものは千葉県《ちばけん》が管轄《かんかつ》しています。その干潟《ひがた》を、埋《う》めたてて土地《とち》をつくりたい、とだれかが願《ねが》いでるとします。それを許可《きょか》するかしないかを決《き》めるのは、その県《けん》の知事《ちじ》なのです。千葉県《ちばけん》はその法律《ほうりつ》を使《つか》って、東京湾《とうきょうわん》の干潟《ひがた》を埋《う》めたてようと計画《けいかく》しています。県《けん》が埋《う》めたてを願《ねが》いでて、知事《ちじ》が許可《きょか》し、どんどん工事《こうじ》をはじめているのです。自分《じぶん》たちで願《ねが》いでて、自分《じぶん》たちで許可《きょか》しているというわけです」

谷津干潟《やつひがた》ができるまで

① 1967年《ねん》ごろの谷津遊園《やつゆうえん》と袖ヶ浦団地《そでがうらだんち》（右《みぎ》上《うえ》）あたりの干潟《ひがた》。

② 1971年《ねん》ごろのようす。左《ひだり》に若松団地《わかまつだんち》ができ、その南《みなみ》に京葉港《けいようこう》の埋《う》めたてが進《すす》む。

③ 1981年《ねん》ごろのようす。埋《う》めたてが進《すす》み、その中《なか》に谷津干潟《やつひがた》がのこった。東京湾岸道路《とうきょうわんがんどうろ》が東《ひがし》から西《にし》に走《はし》っている。

写真：『東京湾』（日本科学者会議・編）より

1972年《ねん》、習志野市《ならしのし》袖ヶ浦団地《そでがうらだんち》の南側《みなみがわ》でも埋《う》めたて工事《こうじ》がはじまった。
こうして東京湾《とうきょうわん》の干潟《ひがた》はどんどん消《き》えていった。

「知事《ちじ》が許可《きょか》してしまえば、県民《けんみん》などがいくら反対《はんたい》してもだめなのですか」

「そのとおりです。知事《ちじ》や県議会《けんぎかい》が、その埋《う》めたてはだめですといわないかぎり、どんどん工事《こうじ》は進《すす》んでいきます」

「知事《ちじ》さんが埋《う》めたての先頭《せんとう》に立《た》っているのですから、やめることはないですね。公《こう》有水面埋立法《ゆうすいめんうめたてほう》って、ひどい法律《ほうりつ》ですね」

「一九二二年《ねん》、大正《たいしょう》十一年《ねん》にできた、とても古《ふる》い法律《ほうりつ》です。それなのに、いまも使《つか》われているのです」

千葉県《ちばけん》だけではありません。公有水面埋《こうゆうすいめんうめ》立法《たてほう》を使《つか》って、日本《にほん》の大《おお》きな湾《わん》で埋《う》めたてが進行《しんこう》しているのでした。だからといって、あきらめるわけにはいきません。東京湾《とうきょうわん》の干潟《ひがた》をのこしてほしいと、訴《うった》えつづけなければいけません。わたしは、守《まも》る会《かい》の活動《かつどう》を、もっと熱心《ねっしん》にやろうと思《おも》いました。

そのころ、京葉港《けいようこう》の埋《う》めたて工事《こうじ》が、どんどん進《すす》んでいました。習志野市《ならしのし》の谷津遊《やつゆう》園《えん》に近《ちか》いところでも、埋《う》めたて工事《こうじ》がはじまろうとしていました。

谷津遊園《やつゆうえん》は大正時代《たいしょうじだい》にできた古《ふる》い遊園地《ゆうえんち》です。谷津遊園《やつゆうえん》のすぐ南側《みなみがわ》にある五十ヘクタールの干潟《ひがた》は、工事《こうじ》がはじまっても自然《しぜん》の海《うみ》のままのこされていました。千葉県《ちばけん》は四角《しかく》の干潟《ひがた》だけをのこして、そのまわりと南側《みなみがわ》の埋《う》めたて工事《こうじ》をおこなっていました。

そこを埋《う》めたてないのは、五十ヘクタールの干潟《ひがた》が、*1大蔵省《おおくらしょう》の所有《しょゆう》となっていたからです。そこは「大蔵省水面《おおくらしょうすいめん》」と呼《よ》ばれていました。他《ほか》の干潟《ひがた》とはちがって、千葉《ちば》県知事《けんちじ》の権限《けんげん》がおよばないのです。埋《う》めたての手続《てつづ》きができず、千葉県《ちばけん》は大蔵省水面《おおくらしょうすいめん》の工事《こうじ》を後《あと》まわしにしていたのでした。

守《まも》る会《かい》では、大蔵省水面《おおくらしょうすいめん》をのこすことにしたら、と話《はな》し合《あ》いました。大蔵省水面《おおくらしょうすいめん》を守《まも》り、将来《しょうらい》、そこを子《こ》どもたちの自然教育園《しぜんきょういくえん》にするのです。小《ちい》さい干潟《ひがた》でも、少《すこ》しでものこせる可能性《かのうせい》があるなら、そこに運動《うんどう》の力《ちから》を集中《しゅうちゅう》した方《ほう》がよいでしょう。会員《かいいん》はみんな賛成《さんせい》し、五十ヘクタールの干潟《ひがた》をのこすのに全力《ぜんりょく》をあげることにきめました。

しかし、大蔵省水面《おおくらしょうすいめん》の呼《よ》び名《な》は、ちょっとかた苦《くる》しくてよい名前《なまえ》ではありません。それで「谷津干潟《やつひがた》」と呼《よ》ぶことにしました。

小《ちい》さな干潟《ひがた》、谷津干潟《やつひがた》を守《まも》って、将来《しょうらい》「谷津干潟自然教育園《やつひがたしぜんきょういくえん》」にします。守《まも》る会《かい》の新《あたら》しい活動《かつどう》の目標《もくひょう》です。なんだかやる気《き》がおきてきました。一九七四（昭和《しょうわ》四十九）年《ねん》、秋《あき》のことでした。

守《まも》る会《かい》ではすぐに、環境庁《かんきょうちょう》、大蔵省《おおくらしょう》（地主《じぬし》）、千葉県《ちばけん》、習志野市《ならしのし》などにでかけていき、谷津干潟《やつひがた》をのこしてほしいとたのむ活動《かつどう》をはじめました。チラシをつくり、*2国鉄《こくてつ》や京成線《けいせいせん》の駅《えき》で配《くば》りました。賛同《さんどう》してくれる人《ひと》の署名《しょめい》あつめもはじめました。

ほかの住民団体《じゅうみんだんたい》や地元《じもと》の人《ひと》たちの協力《きょうりょく》をもらって、運動《うんどう》をつづけました。

しかし習志野市《ならしのし》の態度《たいど》はつめたいものです。習志野市《ならしのし》は、「谷津干潟《やつひがた》をのこすことは、技術的《ぎじゅつてき》にむずかしい」という報告書《ほうこくしょ》を出《だ》しました。一九七六（昭和《しょうわ》五十一）年《ねん》三月《がつ》に習志野市議会《ならしのしぎかい》は、守《まも》る会《かい》など十の団体《だんたい》が出《だ》した「谷津干潟《やつひがた》を保存《ほぞん》し、自然教育園《しぜんきょういくえん》にしてほしいという請願《せいがん》」を不採択《ふさいたく》としました。市議会《しぎかい》では取《と》り上《あ》げないと決《き》めたのです。六月《がつ》には千葉県議会《ちばけんぎかい》も、「谷津干潟《やつひがた》を保存《ほぞん》してほしいという請願《せいがん》」を不採択《ふさいたく》としました。

＊1　現在《げんざい》の財務省《ざいむしょう》。　＊2　現在《げんざい》のＪＲ。

ました。それでもみんな負《ま》けていませんでした。

わたしは、すっかり千葉《ちば》の干潟《ひがた》を守《まも》る会《かい》にとけこみ、いろんな仕事《しごと》を手伝《てつだ》っていました。このころ一緒《いっしょ》にがんばっていた会員《かいいん》には、石川敏雄《いしかわとしお》さん、近藤弘《こんどうひろし》さん、吉川雄作《よしかわゆうさく》さん、新村正人《にいむらまさと》さんたちがいます。

一九七七（昭和《しょうわ》五十二）年《ねん》一月《がつ》、谷津干潟《やつひがた》の中《なか》に東京湾岸道路《とうきょうわんがんどうろ》を通《とお》す工事《こうじ》がはじまりました。けれど干潟《ひがた》は何本《なんぼん》かの水路《すいろ》で東京湾《とうきょうわん》とつながっていたので、潮《しお》の満《み》ち干《ひ》があり、ゴカイや貝《かい》、カニなどの生《い》き物《もの》がしっかりとすんでいて、渡《わた》り鳥《どり》も数多《かずおお》く飛《と》んでくる場所《ばしょ》でした。

そんなころです。風向《かざむ》きが少《すこ》しかわりました。三月《がつ》のことでした。国会《こっかい》で、ある議員《ぎいん》が干潟《ひがた》についての質問《しつもん》をしました。それに対《たい》し環境庁《かんきょうちょう》は、「谷津干潟《やつひがた》を鳥獣保護区《ちょうじゅうほごく》としてのこす予定《よてい》です」と答《こた》えたのです。わたしたちの願《ねが》いがやっとかなう可能性《かのうせい》が見《み》えました。守《まも》る会《かい》のメンバーは元気《げんき》になって活動《かつどう》をつづけました。五月《がつ》には、千葉《ちば》県《けん》の鳥獣保護区計画《ちょうじゅうほごくけいかく》の中《なか》に谷津干潟《やつひがた》がはいっていることがわかりました。もうちょっとがんばろう、みんなではげましあいました。

そんな活動《かつどう》をつづけながら、わたしは、もっと自分《じぶん》にしかできない仕事《しごと》はないかと考《かんが》えていました。思《おも》いついたのは、子《こ》ども向《む》けの通信《つうしん》の発行《はっこう》です。守《まも》る会《かい》がつくっているチラシ、機関紙《きかんし》、パンフレットなどは、みんな大人《おとな》に向《む》けたものです。内容《ないよう》も文章《ぶんしょう》も少《すこ》しかた苦《くる》しくて、むずかしいものでした。ですから、東京《とうきょう》湾《わん》の自然《しぜん》を守《まも》ることの大切《たいせつ》さ、干潟《ひがた》のすばらしさ、生《い》き物《もの》の面白《おもしろ》さなどを子《こ》どもたちにわかる表現《ひょうげん》の通信《つうしん》にすればよいのです。

わたしは、将来《しょうらい》、子《こ》どもの本《ほん》の作家《さっか》になりたいと考《かんが》えていました。そのため、童話《どうわ》と児童文学創作《じどうぶんがくそうさく》の勉強《べんきょう》をつづけていました。その勉強《べんきょう》の成果《せいか》を通信《つうしん》に生《い》かすのです。やさしい文章《ぶんしょう》で書《か》き、イラストも入《い》れます。そうすれば、子《こ》どもだけでなく、大人《おとな》も読《よ》んでもらえると考《かんが》えました。このころは、まだワープロもパソコンも普及《ふきゅう》していません。ぜんぶ、自分《じぶん》ひとりで手書《てが》きでやることにしました。Ａ４判《ばん》の紙《かみ》のうらおもてに、文《ぶん》とイラストを書《か》くことにしました。

そして、火曜日《かようび》の集《あつ》まりの時《とき》に提案《ていあん》しました。

「それはいい考《かんが》えだ。谷津干潟《やつひがた》を子《こ》どもたちのための自然教育園《しぜんきょういくえん》にしたいと活動《かつどう》しているのだから、子《こ》どもにも理解者《りかいしゃ》がふえればいいね」

「読《よ》みやすくて、わかりやすいものなら、大人《おとな》も読《よ》んでくれるよ」

近《ちか》くの大学《だいがく》で廃棄処分《はいきしょぶん》になった印刷機《いんさつき》がもらえることになりました。

「こども通信《つうしん》をその印刷機《いんさつき》で刷《す》ればいい、二百部《ひゃくぶ》、三百部《びゃくぶ》くらいすぐに刷《す》れてしまうよ」

印刷《いんさつ》の後《あと》はみんなで手分《てわ》けして、団地《だんち》やマンション、住宅地《じゅうたくち》に配《くば》ってくれることになりました。はりきって、通信《つうしん》の制作《せいさく》にとりかかりました。

第《だい》一号《ごう》は、一九七七（昭和《しょうわ》五十二）年《ねん》九月《がつ》十一日《にち》に発行《はっこう》しました。それから不定期《ふてい き》で発行《はっこう》していきました。通信《つうしん》のタイトルは、〝谷津《やつ》ひがた　こどもつうしん「シロチドリ」〟としました。

タイトルになったシロチドリは、本州《ほんしゅう》から南《みなみ》では一年中《ねんじゅう》見《み》られるチドリ科《か》の鳥《とり》です。スズメとムクドリのあいだくらいの大《おお》きさで、愛《あい》らしいチドリです。川原《かわら》や海岸《かいがん》の砂地《すなち》で生活《せいかつ》していて、東京湾《とうきょうわん》には一年中《ねんじゅう》います。繁殖期《はんしょくき》になると、砂地《すなち》に巣《す》をつくってひなを育《そだ》てます。

谷津干潟《やつひがた》には夏《なつ》も冬《ふゆ》もいて、とても親《した》しい鳥《とり》です。干潟《ひがた》に観察《かんさつ》にやってくる子《こ》どもたちにも、なじみのある鳥《とり》なので、通信《つうしん》のタイトルにしました。

「シロチドリ」第《だい》一号《ごう》の一面《めん》には、谷津干潟《やつひがた》のまわりにコアジサシやメダイチドリなど、渡《わた》ってきた鳥《とり》たちの巣《す》をつくる陸地《りくち》をのこしてほしい、とうったえる記事《きじ》を書《か》きました。

うらの二面《めん》には、夏休《なつやす》みの八月《がつ》二十一日《にち》の谷津干潟観察会《やつひがたかんさつかい》の報告《ほうこく》と、観察会《かんさつかい》に参加《さんか》した小学《しょうがく》四年生《ねんせい》の女《おんな》の子《こ》の感想文《かんそうぶん》をのせました。八月《がつ》の自然観察会《しぜんかんさつかい》には、小《しょう》・中学生《ちゅうがくせい》がなんと百《ひゃく》六十名《めい》も参加《さんか》してくれたのです。

第《だい》二号《ごう》には、干潟《ひがた》に飛《と》んできたシギ・チドリの数《かず》を調《しら》べる「全国一斉《ぜんこくいっせい》カウント」のこと、埋《う》めたて地《ち》にめずらしい野鳥《やちょう》が飛《と》んできたことを書《か》きました。

こうして、一か月《げつ》に一回《かい》くらいの割合《わりあい》で「シロチドリ」を発行《はっこう》していきました。

シロチドリ。東京湾《とうきょうわん》では一年中《ねんじゅう》見《み》られるチドリ科《か》の鳥《とり》。“谷津《やつ》ひがた　こどもつうしん”のタイトルになった。

シロチドリ

谷《や》津《つ》ひがた こどもつうしん

NO. 7

一九七八年四月三十日
発行・千葉《ちば》の干潟《ひがた》を守《まも》る会《かい》
習志野市津田沼 大浜清方
編集・国松としひで
頒価 1部10円

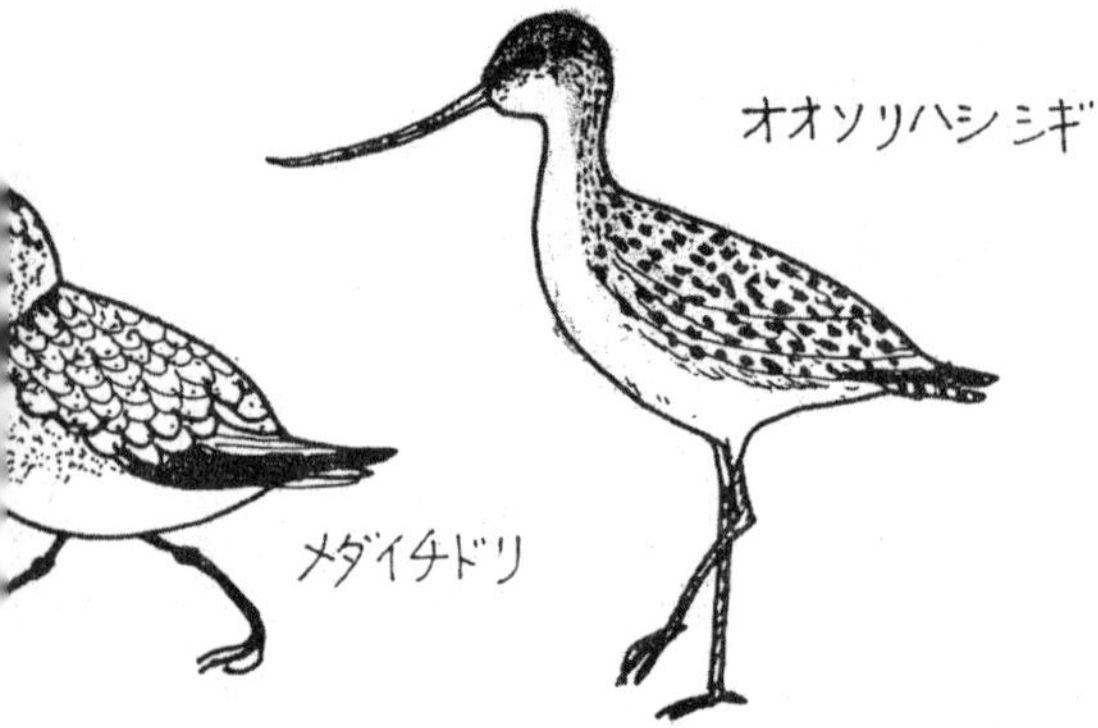

春《はる》の谷《や》津《つ》ひがたはにぎやかです

すっかりあたたかくなりました。 やわらかな日《ひ》ざしが、ひがたにふりそそいでいます。 春《はる》風《かぜ》もかろやかに、埋《う》めたて地《ち》や岸《きし》べの草《くさ》むらの上《うえ》を吹《ふ》きぬけていきます。

四月のひがたは、冬《ふゆ》とはすっかりようすがかわっています。寒《さむ》い季《き》節《せつ》は砂《すな》の穴《あな》にもぐったままだったカニたちが、待《ま》ちかねていたように ひがたの上《うえ》にぞろぞろと出《で》てきました。双《そう》眼《がん》鏡《きょう》でながめると、ヤマトオサガニが柄《え》の長《なが》い眼《め》を立ててまわりに気《き》をくばりながらえさをとっているのがわかります。

鳥たちの種《しゅ》類《るい》もかわりました。 カモたちは 北《きた》の国《くに》へ去《さ》り、かわって春の旅《たび》鳥《どり》がすがたを見《み》せています。 南《みなみ》の国《くに》

しいキョウジョシギ、黄《き》色《いろ》の脚《あし》のキアシシギです。その他《ほか》にもメダイチドリ、ムナグロ、アオアシシギ、オバシギなど たくさんのシギやチドリがやってきます。それに、冬《ふゆ》の間《あいだ》もここにいたユリカモメやハマシギ、ダイゼンがみんな夏《なつ》の服《ふく》に着《き》がえて見《み》ちがえるようにきれいです。

四月・五月のひがたは華《はな》やかな夏《なつ》羽《はね》の鳥たちでにぎわうのです。

埋めたて地の草むらから、ヒバリやセッカのさえずりもきこえてきます。岸《きし》べの草むらも少しずつ緑《みどり》の色《いろ》がこくなってきました。天気《てんき》のよい春の一日《いちにち》、草《くさ》の上《うえ》にすわって鳥を見たり、そのさえずりに耳《みみ》をかたむけたり、青《あお》い空《そら》にうかんでいる雲《くも》をながめたりするのはとても楽《たの》しいものです。五月五日の子どもの日には、谷津ひがた写《しゃ》生《せい》大《たい》会《かい》を計画《けいかく》しています。大人《おとな》も、子どももみんな大《だい》かんげいです。一度《いちど》も谷津ひがたにきたことのない人もぜひ参《さん》加《か》して下さい。谷津ひがたのすばらしい春を つかまえて下さい。

(右《みぎ》) 実際《じっさい》に刊行《かんこう》されたこどもつうしん「シロチドリ」第《だい》7号《ごう》の紙面《しめん》。

6　「私《わたし》たちの自然《しぜん》」に書《か》く

一九七九（昭和《しょうわ》五十四）年《ねん》の一月《がつ》。会社勤《かいしゃづと》めをやめたわたしは、童話《どうわ》や児童小説《じどうしょうせつ》を書《か》くのに専念《せんねん》するようになりました。自由《じゆう》な時間《じかん》ができたので、せっせと干潟《ひがた》に行って野鳥観察《やちょうかんさつ》もやりました。こどもつうしん「シロチドリ」をつくる作業《さぎょう》にも力《ちから》を入《い》れました。

千葉《ちば》の干潟《ひがた》を守《まも》る会《かい》のメンバーのひとりに、松田道生《まつだみちお》さんがいました。松田《まつだ》さんは古《ふる》くから東京湾《とうきょうわん》の鳥《とり》を観察《かんさつ》し研究《けんきゅう》してきた人《ひと》で、干潟《ひがた》を守《まも》る会《かい》を結成《けっせい》するために働《はたら》いたひとりです。

松田《まつだ》さんの勤《つと》め先《さき》は、日本鳥類保護連盟《にほんちょうるいほごれんめい》の事務局《じむきょく》です。そこで、機関誌《きかんし》「私《わたし》たちの自然《しぜん》」の編集長《へんしゅうちょう》をやっていました。日本鳥類保護連盟《にほんちょうるいほごれんめい》は、山階鳥類研究所《やましなちょうるいけんきゅうじょ》を設立《せつりつ》した鳥類学者《ちょうるいがくしゃ》・山階芳麿博士《やましなよしまろはかせ》がつくった団体《だんたい》です。日本中《にほんじゅう》に会員《かいいん》がいて、会員《かいいん》は各地《かくち》で野《や》生動物《せいどうぶつ》や野鳥《やちょう》の保護《ほご》の活動《かつどう》にあたっていました。

ある日《ひ》、谷津干潟《やつひがた》で会《あ》った松田《まつだ》さんがいいました。

「国松《くにまつ》さん、うちの機関誌《きかんし》に記事《きじ》を書《か》いてみませんか」

「えーっ、原稿《げんこう》を書《か》かせてくれるんですか。ありがたいです」

「いま、新《あたら》しい連載《れんさい》を企画《きかく》しています。それを引《ひ》きうけてくれるとうれしいんですが」

連載記事《れんさいきじ》を書《か》かせてもらえるなんて、すばらしい話《はなし》です。

「その連載《れんさい》は、日本《にほん》の野鳥《やちょう》や野生動物《やせいどうぶつ》の生息地《せいそくち》と、保護《ほご》の現場《げんば》をたずねていく記事《きじ》です。いま日本《にほん》の各地《かくち》で、開発《かいはつ》のために生《い》き物《もの》が危機《きき》をむかえている場所《ばしょ》がありますよね。そこをたずねていって、現地《げんち》のようすを、国松《くにまつ》さんが見《み》たまま、聞《き》いたまま、報《ほう》告《こく》してほしいんです」

日本列島《にほんれっとう》の各地《かくち》で、野生動物《やせいどうぶつ》のすみかをこわすような開発計画《かいはつけいかく》が進《すす》んでいると、報《ほう》道《どう》されていました。山《やま》を伐《き》りひらいて林道《りんどう》をつくる話《はなし》、湖《みずうみ》や沼《ぬま》を埋《う》めたてる話《はなし》、リゾート地《ち》をつくる話《はなし》などが多《おお》くありました。

それらの現場《げんば》に行《い》き、その地《ち》のようすを記事《きじ》にします。むずかしそうですが、意義《いぎ》のある企画《きかく》でした。野鳥《やちょう》や哺乳類《ほにゅうるい》、いろんな生《い》き物《もの》を取《と》り上《あ》げてよいというのでした。

「いいですね。でも毎回《まいかい》、現地《げんち》を訪《たず》ねてしっかり取材《しゅざい》するのは大変《たいへん》だ。ちゃんとできるかな」

「だいじょうぶですよ。文《ぶん》だけでなくイラストもほしいです。国松《くにまつ》さんは絵《え》を描《か》くのが好《す》きでしょう。応援《おうえん》しますから、ぜひやってください」

松田《まつだ》さんは、こどもつうしん「シロチドリ」をいつも見《み》ていて、そのイラストを気《き》に入《い》ってくれていたのでした。

機関誌《きかんし》「私《わたし》たちの自然《しぜん》」の連載《れんさい》が決《き》まりました。連載記事《れんさいきじ》のタイトルは、「やじさんのプロミナーかついで」となりました。〝やじさん〟は、わたしの大学生時代《だいがくせいじだい》のニックネームです。そして〝プロミナー〟とは、野鳥《やちょう》や野生動物観察《やせいどうぶつかんさつ》の時《とき》に使《つか》う倍率《ばいりつ》の高《たか》い望遠鏡《ぼうえんきょう》のことです。プロミナーをかついで、日本各地《にほんかくち》をかけめぐります。

連載《れんさい》は一九八〇（昭和《しょうわ》五十五）年《ねん》二月号《がつごう》からはじまりました。第《だい》一回《かい》は、千葉県市《ちばけんいち》川市《かわし》にある「新浜野鳥保護区《しんはまやちょうほごく》」のことを書《か》きました。新浜《しんはま》は、かつて多《おお》くの渡《わた》り鳥《どり》が飛《と》んできた東京湾《とうきょうわん》の干潟《ひがた》です。そこは渡《わた》り鳥《どり》の聖地《せいち》でした。シギやチドリ、ガンなどが飛《と》んできた干潟《ひがた》は埋《う》めたてられ、工場《こうじょう》と住宅地《じゅうたくち》に変《か》わりました。そこに、野鳥保護《やちょうほご》区《く》がつくられています。第《だい》二回《かい》は、ガンの[*1]飛来地《ひらいち》の宮城県《みやぎけん》の伊豆沼《いずぬま》。第《だい》三回目《かいめ》は東京《とうきょう》都《と》の大井野鳥公園《おおいやちょうこうえん》でした。

一九八〇（昭和《しょうわ》五十五）年《ねん》八月号《がつごう》の第《だい》七回《かい》は、千葉県館山市《ちばけんたてやまし》・城山公園《しろやまこうえん》をたずねました。城山公園《しろやまこうえん》にはその十年《ねん》ほど前《まえ》からサギがすみはじめ、大《おお》きなサギのコロニーをつくっていました。コロニーとは、鳥《とり》などが集団《しゅうだん》であつまり、巣《す》をつくってひなを育《そだ》てる場所《ばしょ》のことです。

城山公園《しろやまこうえん》のコロニーにあつまるのは、コサギ、ダイサギ、ゴイサギ、アマサギなどで、その数《かず》は五千羽《せんば》にもなっていました。コロニーが大《おお》きくなり、サギの数《かず》がふえてくると、住民《じゅうみん》からいろんな苦情《くじょう》が出《で》てきました。

「サギ山《やま》がくさくて、くさくてたまらない」、「干《ほ》した洗《せん》たく物《もの》がサギのフンで汚《よご》された」、「鳥《とり》たちの鳴《な》く声《こえ》がうるさくてかなわん」。

館山市《たてやまし》の漁師《りょうし》たちは、館山湾《たてやまわん》のイケスの魚《さかな》をサギが食《た》べて損害《そんがい》が出《で》たといいました。農家《のうか》の人《ひと》からは、田植《たう》えをしたばかりの苗《なえ》をサギが踏《ふ》み荒《あ》らしてしまう、という苦情《くじょう》も出《で》ました。

そして、五月《がつ》三十日《にち》に館山市《たてやまし》の農協《のうきょう》*2から「サギが、田《た》んぼの苗《なえ》を踏《ふ》み荒《あ》らして、百《ひゃく》五十万円《まんえん》の損害《そんがい》が出《で》たので、サギを駆除《くじょ》してほしい」という申請《しんせい》が出《だ》されたのです。千葉県安房支庁《ちばけんあわしちょう》はすぐに、百羽《ひゃくわ》を駆除《くじょ》してよい、という許可《きょか》を出《だ》しました。

＊1　鳥《とり》が飛《と》んできて生活《せいかつ》する土地《とち》。　＊2　農業協同組合《のうぎょうきょうどうくみあい》のこと。農業《のうぎょう》にたずさわる人《ひと》たちの協同組合《きょうどうくみあい》。

一九八〇年《ねん》六月《がつ》八・九日《か》の早朝《そうちょう》、猟友会《りょうゆうかい》のハンターが城山公園《しろやまこうえん》に行《い》きました。そして、ゴイサギ、コサギ、チュウサギ、ダイサギを、ぜんぶで約《やく》四十羽《わ》、銃《じゅう》で撃《う》ち落《お》としたのでした。

このことを、千葉県立安房南高校《ちばけんりつあわみなみこうこう》・生物部《せいぶつぶ》の村田先生《むらたせんせい》が、日本鳥類保護連盟《にほんちょうるいほごれんめい》に連絡《れんらく》してきました。安房南高校《あわみなみこうこう》・生物部《せいぶつぶ》のサギ班《はん》では、一年前《ねんまえ》から館山《たてやま》のサギの生息数調査《せいそくすうちょうさ》、生態研究《せいたいけんきゅう》をやっていました。城山《しろやま》のサギは、調査《ちょうさ》・研究《けんきゅう》の中心《ちゅうしん》になっていたのです。城山《しろやま》のサギが撃《う》ち落《お》とされたという知《し》らせを聞《き》いた村田先生《むらたせんせい》は、すぐに日本鳥類保護連盟《にほんちょうるいほごれんめい》へ連絡《れんらく》したのです。先生《せんせい》は地元《じもと》の新聞社《しんぶんしゃ》にも、サギが撃《う》たれたと知《し》らせました。撃《う》ち落《お》とされたサギたちは、城山下《しろやました》の田畑《たはた》に散乱《さんらん》したままでした。松田《まつだ》さんからそのことを聞《き》いて、わたしはすぐに館山《たてやま》に行《い》きました。

村田先生《むらたせんせい》と生物部《せいぶつぶ》の生徒《せいと》たちに案内《あんない》してもらって、城山公園《しろやまこうえん》のコロニーに行《い》きました。たくさんのサギがいます。森《もり》の木々《きぎ》に白《しろ》い花《はな》がいっぱい咲《さ》いたようでした。望遠鏡《ぼうえんきょう》をのぞくと、卵《たまご》を抱《だ》いているサギが見《み》えました。巣立《すだ》ちをしたばかりのコサギやゴイサギの幼鳥《ようちょう》が、枝《えだ》を伝《つた》っていました。サギのコロニーを見《み》るのは、はじめてでした。すばらしいながめです。

(左《ひだり》) 機関誌《きかんし》「私《わたし》たちの自然《しぜん》」1980年《ねん》11月号《がつごう》の表紙《ひょうし》。

(下《した》) 連載《れんさい》「やじさんのプロミナーかついで」第《だい》10回《かい》の見開《みひら》きページ。

やじさんのプロミナーかついで・10

東京湾の小さな干潟

谷津干潟

ＪＡＰＢ自然観察会

連盟主催の第１回自然観察会が谷津干潟でひらかれた。谷津干潟はわが家から歩いて５分のところにある。野鳥がたくさんくる所に住んでいていいですね、といつも人からいわれるのだが、いいことばかりじゃない。１年中いろんな鳥がやってくるので、意志の弱いぼくはつい仕事がおろそかになってしまう。夏羽に衣がえしたシギ・チドリが美しい春の渡りの季節などは、三日にあげず双眼鏡をぶらさげて出かけてしまうのではんとに困るのだ。

９月28日の朝、若松団地の広場に20数名の人があつまった。前夜までの雨もあがって、まずまずの観察会日和。㎡氏はじめ斉藤くん、増田くんが青地に白でＪＡＰＢと染めぬいたしゃれた腕章をつけてはりきっている。ともかく干潟へと、10時すぎに出行した。

渡り鳥のくる干潟

むかし東京湾の東側は、江戸川河口の浦安から富津岬まで76キロにわたって広々とした干潟がつづいていた。初夏にはたくさんの人々が潮干狩りにやってきて、ハマグリやアサリを掘った。ノリもとれ、魚もとれた。渡り鳥の大群が干潟の上を飛んでいくのがいつも見られた。ところが、1960年ころからはじまった海岸の埋め立ては、「公有水面埋立法」とよばれる手続きによって、広大な干潟をつぎつぎとこわしていった。千葉の干潟を守る会などの熱心な運動もあって、習志野市谷津の小さな海面が埋め立てから残った。

東京湾奥部はむかしから全国有数の渡り鳥の飛来地であったが、干潟や湿地がほとんどつぶされてしまったため、33ha残った谷津干潟に鳥たちがあつまるようになった。1977年環境庁はここを国設鳥獣保護区の予定地にした。これまでに130種の鳥が確認されており、カラフトアオアシシギやヒメハマシギ・ハリモモチュウシャクシギ・シベリヤオオハシシギなどが観察された。近くの埋め立て地ではセイタカシギも繁殖した。

今年４月28日のシギチドリ全国一せいカウントでは、シギ・チドリが5,411羽、カモなどその他が858羽、計6,269羽がカウントされた。この数字は午後の東京湾の満潮時における数字だが、谷津干潟がいかに貴重な場所になっているかを示していると同時に、東京湾でシギ・チドリの行く場所が他になくなっていることを教えている。

ダイゼンやホウロクシギが

観察会は若松団地そばの小さな干潟から観察をはじめ、湾岸道路ぞいの歩道をあるいていった。谷津遊園の対岸についたが、干潟の潮がまだひかない。そこで草むらに丸くすわって、早めの昼食をとった。秋の風がアシ原をわたっていく、とても気持ちがいい。にぎりめしをほおばりながら、参加者の自己紹介をやった。本日の参加者は27名。昨夜、松本を発って夜行でやってきた信州大学１回生の松谷くん、静岡県の網代を６時に出てきた富岡さんなど熱心な人がいて、㎡氏などは感激している。小学生も３名参加した。そのあと、ぼくの紙芝居「コアジサシのおやこ」を上演した。

少しずつ潮がひいてきた。プロミナーの中にダイゼンやホウロクシギの姿が大きくとらえられた。「あっ、長いくちばしだ！」「ほら、カニを食べているわ」はしゃいだ声があちこちから聞かれた。ダイサギが大きなボラをつかまえてのみこめずに苦労しているのがユーモラスだ。アオアシシギが、キョッ、キョッ、キョーと哀しさをふくんだような声でなきながら干潟の上を飛んでいった。

早く保護区の設定を

77年に国設鳥獣保護区の予定地にはなったものの、３年たったいまも保護区設定は実現されていない。国や県は早く実現させたいのだが、地元の習志野市長がうんといってくれないのである。ここを埋めて学校や公園をつくりたいのだそうだ。その上、困った問題がおきてきた。京成電鉄が、所有地である干潟の海面4.4haを駐車場拡張のために埋め立て工事に着工すると発表したのだ。埋め立て予定の干潟は、満潮時にも潮がかぶらず、シギ・チドリたちの絶好の休息場所となっている。それと、もし工事がはじまれば干潟に影響が出て鳥たちがいまのようにあつまらなくなるのでは、と心配されている。いま、地元の保護団体などが京成電鉄に、干潟保存のために埋め立て工事をやめてくれるよう要望書を出している。連盟も活動をはじめた。どうなるのか、状況は厳しい。こういった問題がこれからも起きてこないとはかぎらない。一日も早く国設鳥獣保護区の設定が実現してほしい。渡り鳥や干潟の生きものが安心してすめる日が早くきてほしいとつよく思う。

干潟を東側まであるき、ゆっくり鳥を観察したあと、斉藤くんの指導で鳥合せをしてから解散した。この日観察した鳥は35種だった。

（文と絵・国松俊英）

— 16 —

そのあと館山湾《たてやまわん》にまわり、イワシのイケスにむらがるサギたちを観察《かんさつ》しました。

現地《げんち》をまわり、サギが撃《う》ち落《お》とされたことに、いくつか問題《もんだい》があると思《おも》いました。まず、サギを駆除《くじょ》してくれという申請《しんせい》を、農協《のうきょう》が出《だ》したことです。田植《たう》えは四月《がつ》に終《お》わっています。いまもサギが田《た》んぼにきて荒《あ》らしているのか、疑問《ぎもん》がのこります。六月《がつ》になってからサギを百羽《ひゃくわ》撃《う》ち落《お》として、なんになるのでしょう。首《くび》をかしげました。

駆除《くじょ》を許可《きょか》されて撃《う》たれた鳥《とり》は、ゴイサギ、コサギ、チュウサギ、ダイサギです。水田《すいでん》に入《はい》って、カエルなど田《た》んぼの生《い》き物《もの》を食《た》べるアマサギは、今回《こんかい》の駆除《くじょ》の申請《しんせい》には入《はい》っていません。アマサギが駆除《くじょ》されず、田《た》んぼには行《い》かないで海《うみ》の魚《さかな》をよく食《た》べるコサギ、ゴイサギが撃《う》たれたことも、納得《なっとく》がいきません。そして、百羽《ひゃくわ》という駆除《くじょ》数《すう》もおかしいと思《おも》いました。

「このままいけば、近《ちか》いうちに城山公園《しろやまこうえん》のサギのコロニーは、つぶされてしまいます。心配《しんぱい》です」

村田先生《むらたせんせい》は暗《くら》い表情《ひょうじょう》でいいました。

五千羽《せんば》にもふえたサギは、たしかに近《ちか》くの住民《じゅうみん》に迷惑《めいわく》をかけ、館山湾《たてやまわん》のイケスのイワシを食《た》べています。だからといって、サギを銃《じゅう》で撃《う》ち落《お》とし、コロニーをこわしてもよいとはいえません。館山《たてやま》のサギたちは、元《もと》は東京《とうきょう》や埼玉《さいたま》のコロニーにいたのに、人間《にんげん》に追《お》われて房総半島《ぼうそうはんとう》の館山《たてやま》に来《き》ました。サギたちにはもう行《い》く所《ところ》はありません。

どうすれば城山《しろやま》の公園《こうえん》のサギがいまの所《ところ》で生活《せいかつ》できるか、考《かんが》える必要《ひつよう》があります。

「私《わたし》たちの自然《しぜん》」の連載第《れんさいだい》七回《かい》に、わたしはそのように書《か》きました。

それから二か月後《げつご》、館山《たてやま》から痛《いた》ましいニュースが知《し》らされました。城山公園《しろやまこうえん》で千羽《せんば》に近《ちか》いサギが射殺《しゃさつ》（駆除《くじょ》）されたのです。館山市《たてやまし》によるサギの大量駆除《たいりょうくじょ》は、八月《がつ》十七日《にち》から五日間《かかん》おこなわれました。射殺《しゃさつ》されたサギは、館山市《たてやまし》の発表《はっぴょう》では八百《びゃく》六十五羽《わ》でした。しかし銃《じゅう》で撃《う》たれて傷《きず》つき、後《あと》で死《し》んだサギも多《おお》くいます。それらをふくめると、死《し》んだサギは一千羽《せんば》をこえていました。

生《い》き物《もの》と人間《にんげん》が近《ちか》くで暮《く》らすと、生《い》き物《もの》に迷惑《めいわく》をかけられたり、困《こま》ったことが起《お》きたりします。生《い》き物《もの》が田畑《たはた》の作物《さくもつ》を食《た》べてしまい、被害《ひがい》をこうむることもあります。だからといってすぐに、生《い》き物《もの》を追《お》いはらい、住《す》めないようにするのは、人間《にんげん》の勝手《かって》さとごうまんさのあらわれだと思《おも》います。まして銃《じゅう》を使《つか》って鳥《とり》を大量《たいりょう》に撃《う》ち殺《ころ》すのは、ひどいやり方《かた》です。人間《にんげん》がほんの少《すこ》しでも生《い》き物《もの》の気持《きも》ちになり、生《い》き物《もの》の目線《めせん》で考《かんが》

千葉県館山市《ちばけんたてやまし》・城山公園《しろやまこうえん》、サギのコロニー。
約《やく》5000羽《わ》のサギが巣《す》をつくっていた。

えたら、やり方《かた》は変《か》わってくるでしょう。

その後《ご》、城山公園《しろやまこうえん》のサギたちはどうなったのでしょうか。館山市《たてやまし》では、八月《がつ》の大量駆除《たいりょうくじょ》の後《あと》も城山公園《しろやまこうえん》でサギの巣落《すお》とし、下草《したくさ》と竹《たけ》の伐採《ばっさい》をおこないました。サギがいやがるナトリウム灯《とう》を設《もう》けて、城山公園《しろやまこうえん》にサギが巣《す》をつくらないようにもしました。

一九八一（昭和《しょうわ》五十六）年秋《ねんあき》からは、城山《しろやま》の頂上《ちょうじょう》に城《しろ》の建設《けんせつ》がはじまりました。サギが巣《す》をつくっていた木《き》は、みんな切《き》り倒《たお》されました。そのためか、一月《がつ》には城山公園《しろやまこうえん》のサギは一羽《わ》もいなくなりました。

コロニーの巣《す》で、ひなにエサをあたえる親鳥《おやどり》。とらえた魚《さかな》などはおなかで半分消化《はんぶんしょうか》し、それをひなにあたえる。

城山《しろやま》を追《お》われたサギたちは、そこから二キロほど離《はな》れた大網山《おおあみやま》に移動《いどう》しました。コサギ、ゴイサギのほか、ダイサギ、アマサギ、チュウサギもあつまりました。しかし城山《しろやま》からのがれたサギたちにとって、大網山《おおあみやま》も安心《あんしん》して暮《く》らせる場所《ばしょ》ではなかったようです。

館山市《たてやまし》は一九八二（昭和《しょうわ》五十七）年《ねん》三月《がつ》から六月《がつ》に、大網山《おおあみやま》でサギの卵落《たまごお》とし作戦《さくせん》をおこないました。先《さき》に針金《はりがね》のカギをつけた長《なが》い竹《たけ》ざおを使《つか》って、サギの巣《す》をつぎつぎに落《お》としました。ゴイサギの卵《たまご》三百《びゃく》四十二個《こ》、コサギ百《ひゃく》八十個《こ》、チュウサギ四十二個《こ》、アマサギ九個《こ》の合計《ごうけい》五百《ひゃく》七十三個《こ》が落《お》とされました。

サギたちが移動《いどう》した大網山《おおあみやま》は、近《ちか》くに迷惑《めいわく》をうける民家《みんか》はなく、住民《じゅうみん》から悪臭《あくしゅう》やフンの苦情《くじょう》は出《で》ていません。館山湾《たてやまわん》のイケスにくるサギの数《かず》も減《へ》り、被害《ひがい》は出《で》ていませんでした。

館山市《たてやまし》がサギの卵《たまご》をたくさん落《お》としたことを聞《き》いて、わたしは胸《むね》がしめつけられる思《おも》いでした。

7　オオムラサキとニホンカモシカ

「私《わたし》たちの自然《しぜん》」の連載《れんさい》をはじめたおかげで、野鳥《やちょう》や野生動物保護《やせいどうぶつほご》についてしっかり勉強《べんきょう》する機会《きかい》ができました。野鳥《やちょう》や野生動物《やせいどうぶつ》について、その保護《ほご》について、わたしはまったくの素人《しろうと》です。たずねた先《さき》では、専門家《せんもんか》の人《ひと》たちにどんどん質問《しつもん》をして、教《おし》えてもらいました。どなたも親切《しんせつ》で、やさしく対応《たいおう》してくれました。素朴《そぼく》な質問《しつもん》でもいやな顔《かお》をせず、ていねいに教《おし》えてくれました。記事《きじ》を書《か》きながら、いろんなことを学《まな》んでいきました。

「私《わたし》たちの自然《しぜん》」の仕事《しごと》では、これまで知《し》らなかった現場《げんば》に行《い》きました。〝国蝶《こくちょう》オオムラサキを守《まも》る会《かい》〟の調査《ちょうさ》、〝カモシカ食害防除学生隊《しょくがいぼうじょがくせいたい》〟の活動《かつどう》は、地味《じみ》なものですが、とても貴重《きちょう》な保護活動《ほごかつどう》です。連載《れんさい》の仕事《しごと》でたずね、はじめて活動《かつどう》の内容《ないよう》を知《し》りました。

〝国蝶《こくちょう》オオムラサキを守《まも》る会《かい》〟の成虫《せいちゅう》の調査《ちょうさ》は、一九八一（昭和《しょうわ》五十六）年《ねん》七月《がつ》に行《おこな》われました。場所《ばしょ》は長野県《ながのけん》との県境《けんざかい》に近《ちか》い、*山梨県長坂町《やまなしけんながさかちょう》の雑木林《ぞうきばやし》です。

長坂町《ながさかちょう》は、むかしから薪《まき》や炭《すみ》の生産地《せいさんち》で、東京《とうきょう》への大《おお》きな供給地《きょうきゅうち》になっていました。

＊　現在《げんざい》の山梨県北杜市《やまなしけんほくとし》。

町《まち》には、薪《まき》や炭《すみ》の木《き》であるクヌギ、エノキなどの雑木林《ぞうきばやし》がたくさんあります。その後《ご》ガスや石油《せきゆ》が普及《ふきゅう》して、薪《まき》や炭《すみ》の生産《せいさん》はなくなりました。けれど雑木林《ぞうきばやし》は伐《き》られずにのこっています。

オオムラサキの幼虫《ようちゅう》は、エノキで生《う》まれ、エノキの葉《は》を食《た》べて育《そだ》ちます。成虫《せいちゅう》になってからは、クヌギの樹液《じゅえき》を吸《す》って生活《せいかつ》し、エノキに卵《たまご》を産《う》んで死《し》んでいくのです。長坂町《ながさかちょう》の雑木林《ぞうきばやし》には、エノキの群落《ぐんらく》、水《みず》はけのよい斜面《しゃめん》があります。クヌギの木《き》もたっぷりありました。そのため、オオムラサキのほかにも、いろんなチョウが生息《せいそく》しています。昭和《しょうわ》のはじめから、長坂町《ながさかちょう》はチョウが多《おお》いところとして、有名《ゆうめい》でした。

国蝶《こくちょう》オオムラサキを守《まも》る会《かい》は、一九七九（昭和《しょうわ》五十四）年《ねん》に結成《けっせい》されました。会《かい》の代表《だいひょう》・高橋健《たかはしけん》さんは、この日《ひ》の調査《ちょうさ》について話《はな》してくれました。

「オオムラサキの生息地《せいそくち》は、長坂《ながさか》から韮崎《にらさき》まで釜無川《かまなしがわ》の北《きた》の岸《きし》にずっとつづいてあります。守《まも》る会《かい》ではまず長坂町《ながさかちょう》に協力《きょうりょく》してもらって、長坂町《ながさかちょう》から日野春一帯《ひのはるいったい》の雑木林《ぞうきばやし》をのこそうと活動《かつどう》しています。そのあと、となりの須玉町《すたまちょう》、韮崎市《にらさきし》にも働《はたら》きかけるつもりです」

一九八〇（昭和《しょうわ》五十五）年《ねん》に山梨県《やまなしけん》と長坂町《ながさかちょう》がお金《かね》を出《だ》して、長坂《ながさか》から日野春《ひのはる》まで

オオムラサキ

十三キロメートルの自然観察路《しぜんかんさつろ》をつくってくれました。道標《みちしるべ》や看板《かんばん》も立《た》ててくれたのです。

「つぎは野外《やがい》に施設《しせつ》をつくって、小《しょう》・中学《ちゅうがく》生《せい》が昆虫《こんちゅう》や植物《しょくぶつ》などを自然《しぜん》の中《なか》で勉強《べんきょう》できるようにしたいと思《おも》っています。子《こ》どもたちへの自然教育《しぜんきょういく》は、とても大切《たいせつ》なものですからね」

長坂町一帯《ながさかちょういったい》で、オオムラサキは一万頭以《まんとうい》上《じょう》も発生《はっせい》して、全国《ぜんこく》一です。五千《せん》から一万《まん》頭発生《とうはっせい》する地《ち》は、群馬県《ぐんまけん》、長野県《ながのけん》、岩手県《いわてけん》など全国《ぜんこく》に五十か所《しょ》あります。長坂町《ながさかちょう》での保護《ほご》がうまくいけば、ほかの市町村《しちょうそん》にも働《はたら》きかけてオオムラサキの生息地《せいそくち》をのこしたい、と高橋代表《たかはしだいひょう》は話《はな》してくれました。この日《ひ》の調査《ちょうさ》には百六十名《ひゃくめい》が参加《さんか》する予定《よてい》だと聞《き》きました。

午後《ごご》一時《じ》すぎに、参加者《さんかしゃ》への説明《せつめい》も終《お》わり、いよいよ調査《ちょうさ》の開始《かいし》となりました。

参加者《さんかしゃ》は調査用紙《ちょうさようし》を持《も》って、十地区《ちく》にちらばります。わたしは、C３班《ぱん》に同行《どうこう》することにしました。役場《やくば》からC３班《ぱん》の調査地点《ちょうさちてん》の雑木林《ぞうきばやし》まで、歩《ある》いて三十分《ぷん》ほどありました。

C３班《ぱん》は十五名《めい》いて、その十五名《めい》が十か所《しょ》の調査地点《ちょうさちてん》に分《わ》かれて調査《ちょうさ》します。調査《ちょうさ》は、午後二時《ごごじ》から十五分間《ふんかん》と、二時半《じはん》から十五分間《ふんかん》と二回《かい》おこないます。調査員《ちょうさいん》は、二回《かい》の三十分間《ぷんかん》に見《み》つけたオオムラサキの数《かず》と場所《ばしょ》を、地図《ちず》に記入《きにゅう》するのです。双眼鏡《そうがんきょう》は使《つか》いません。

二時《じ》に合図《あいず》の笛《ふえ》が鳴《な》って、調査《ちょうさ》がはじまりました。調査員《ちょうさいん》はみな真剣《しんけん》な表情《ひょうじょう》で、周囲《しゅうい》をにらみつけています。風《かぜ》がなく暑《あつ》い日《ひ》で、立《た》っているだけで、首《くび》すじから汗《あせ》がたれてきました。林《はやし》からは、ニイニイゼミやヒグラシの声《こえ》が聞《き》こえてきました。

二回《かい》の調査《ちょうさ》はあっという間《ま》に終《お》わりました。終了後《しゅうりょうご》、会員《かいいん》のひとりが、オオムラサキが集《あつ》まっているクヌギの木《き》まで案内《あんない》してくれました。見《み》ると、オオムラサキが幹《みき》にむらがって、樹液《じゅえき》の蜜《みつ》を吸《す》っていました。人間《にんげん》が近《ちか》づいてもにげずに、平気《へいき》で蜜《みつ》を吸《す》っています。オオムラサキは羽《はね》を閉《と》じていますが、中《なか》には見《み》せびらかすように羽《はね》を広《ひろ》げるのもいました。オスのブルーの羽《はね》は、とても美《うつく》しい色《いろ》でした。

オオムラサキが飛《と》ぶ自然環境《しぜんかんきょう》をのこすために、会員《かいいん》はこうした地味《じみ》な活動《かつどう》をつづけています。調査《ちょうさ》に参加《さんか》して、そのことを実感《じっかん》しました。

〝カモシカ食害防除学生隊《しょくがいぼうじょがくせいたい》〟という名前《なまえ》の学生隊《がくせいたい》の活動《かつどう》をたずねたのは、一九八二（昭和《しょうわ》五十七）年春《ねんはる》のことです。南《みなみ》アルプスの一部《いちぶ》、長野県飯田市《ながのけんいいだし》の松川入《まつかわいり》に行《い》きました。

カモシカ食害防除学生隊《しょくがいぼうじょがくせいたい》とは、いかめしい名前《なまえ》です。それは日本自然保護協会《にほんしぜんほごきょうかい》のカモシカ保護基金《ほごききん》でつくられたグループでした。学生隊《がくせいたい》は、林業《りんぎょう》とカモシカ保護《ほご》の両立《りょうりつ》をめざして一九七九（昭和《しょうわ》五十四）年《ねん》につくられ、活動《かつどう》していました。

カモシカは、正《ただ》しくはニホンカモシカといいます。名前《なまえ》はシカですが、ウシ科《か》の動物《どうぶつ》です。全長《ぜんちょう》は百《ひゃく》三十センチメートル、十センチメートルほどのとがった角《つの》を持《も》っています。本州《ほんしゅう》、四国《しこく》、九州《きゅうしゅう》の山地《さんち》に生息《せいそく》しています。*灌木《かんぼく》の葉《は》を主食《しゅしょく》にしていて、季節《きせつ》によっては、木《き》の芽《め》、草《くさ》、木《き》の皮《かわ》なども食《た》べます。敵《てき》に追《お》いかけられると、けわ

＊ 高《たか》さが低《ひく》い木《き》のこと。

しい崖《がけ》の上《うえ》ににげます。カモシカは太平洋戦争《たいへいようせんそう》がはじまる前《まえ》の一九三四（昭和《しょうわ》九）年《ねん》に、貴重《きちょう》な哺乳類《ほにゅうるい》だとして天然記念物《てんねんきねんぶつ》に指定《してい》されました。しかしそれでも、カモシカの毛皮《けがわ》の質《しつ》はとてもよいので、たくさんつかまえられ殺《ころ》されました。そのため、一時《いちじ》期《き》は数《かず》が大《おお》きく減《へ》りました。その後《ご》、特別天然記念物《とくべつてんねんきねんぶつ》の指定《してい》を受《う》け、大切《たいせつ》に保護《ほご》されることになりました。

特別天然記念物《とくべつてんねんきねんぶつ》に指定《してい》されてから、カモシカの数《かず》は増《ふ》えました。そのため冬《ふゆ》の時《じ》期《き》にエサが不足《ふそく》します。カモシカは、植林《しょくりん》された若《わか》い木《き》、とくにヒノキを食《た》べるようになったのです。それで林業《りんぎょう》の人《ひと》から、被害《ひがい》の声《こえ》が上《あ》がりました。「カモシカが植林《しょくりん》した苗木《なえぎ》をみんな食《た》べてしまう」「被害《ひがい》がたくさん出《で》ている」といった声《こえ》でした。一九六五（昭和《しょうわ》四十）年《ねん》ころからです。その被害《ひがい》は、増《ふ》えていきました。林業《りんぎょう》の人《ひと》たちは被害《ひがい》を強《つよ》くうったえ、カモシカを捕《と》らえてほしいといいはじめました。数《かず》が増《ふ》えすぎて、苗木《なえぎ》がほとんど食《た》べられてしまうというのです。

一九七六（昭和《しょうわ》五十一）年《ねん》、岐阜県《ぎふけん》ではじめて生《い》け捕《ど》り作戦《さくせん》がおこなわれました。二年後《ねんご》の一九七八（昭和《しょうわ》五十三）年《ねん》には麻酔銃《ますいじゅう》による捕獲《ほかく》になり、つぎの年《とし》にはふつうの銃《じゅう》での射殺《しゃさつ》となりました。長野県《ながのけん》と岐阜県《ぎふけん》でのカモシカの射殺数《しゃさつすう》は、一九七九

(昭和《しょうわ》五十四)年《ねん》は百《ひゃく》六十一頭《とう》、一九八〇(昭和《しょうわ》五十五)年《ねん》は四百《ひゃく》八頭《とう》、一九八一(昭和《しょうわ》五十六)年《ねん》は六百《ぴゃく》八十八頭《とう》とふえていきました。

しかし、カモシカの保護《ほご》を主張《しゅちょう》する人《ひと》たちの意見《いけん》は違《ちが》います。増《ふ》えすぎたのではなく、食《た》べものがあり、安心《あんしん》して生活《せいかつ》できる場所《ばしょ》が少《すく》なくなった。それで人里《ひとざと》近《ちか》くや植林地《しょくりんち》へ出《で》てくる、という意見《いけん》です。二つの立場《たちば》の人《ひと》たちの論争《ろんそう》は、折《お》りあうことなくつづきました。

カモシカをどうすればよいのか、いくつかの対策《たいさく》が考《かんが》えられました。一つ目《め》は、植林地《しょくりんち》を金網《かなあみ》でぐるりと囲《かこ》むという方法《ほうほう》です。二つ目《め》は、原生林《げんせいりん》と植林《しょくりん》の境界部《きょうかいぶ》

ニホンカモシカ

分《ぶん》では下草刈《したくさか》りをやらず、ヤブや茂《しげ》みをつくるという策《さく》です。カモシカはヤブなどに入《はい》るのをきらうので、効果《こうか》があるのです。三つ目《め》は、植林木《しょくりんぼく》にカモシカがきらう薬《くすり》を、ぬりつけたり、散布《さんぷ》するという方法《ほうほう》です。そして四つ目《め》は、植林《しょくりん》した木《き》の頂上部《ちょうじょうぶ》に、冬季《とうき》だけポリネットをかぶせる、という方法《ほうほう》でした。

四つ目《め》の方法《ほうほう》を、日本自然保護協会《にほんしぜんほごきょうかい》が採用《さいよう》し、カモシカ食害防除学生隊《しょくがいぼうじょがくせいたい》の学生《がくせい》たちが活動《かつどう》をはじめました。学生《がくせい》たちは、秋《あき》に植林地《しょくりんち》に行《い》って苗木《なえぎ》にポリネットをかぶせます。そして春《はる》にまたおなじ植林地《しょくりんち》に入《はい》り、かぶせたポリネットをはずします。ポリネットをかぶせた苗木《なえぎ》は、カモシカは食《た》べないのでした。学生隊《がくせいたい》が作業《さぎょう》する場所《ばしょ》は、長野県《ながのけん》の飯田市松川入《いいだしまつかわいり》、木曽郡大桑村《きそぐんおおくわむら》、滋賀県土山町《しがけんつちやまちょう》の三か所《しょ》です。

調《しら》べると、学生隊《がくせいたい》は四月《がつ》はじめに飯田市松川入《いいだしまつかわいり》で、ネットをはずす作業《さぎょう》をします。それで、松川入《まつかわいり》に行《い》って作業《さぎょう》のようすを見《み》せてもらい、話《はなし》を聞《き》くことにしました。

四月《がつ》はじめのある日《ひ》、国鉄飯田線《こくてついいだせん》の飯田駅《いいだえき》に行《い》きました。そして山林組合《さんりんくみあい》のマイクロバスで、植林地《しょくりんち》にある松川入山林組合《まつかわいりさんりんくみあい》の事務所《じむしょ》に向《む》かいました。そこが学生隊《がくせいたい》の宿《しゅく》泊所《はくじょ》にもなっています。

二十二名《めい》の学生《がくせい》たちの中《なか》に入《はい》って、夕食《ゆうしょく》を食《た》べながら話《はなし》を聞《き》きました。参加者《さんかしゃ》は、信州大《しんしゅうだい》、東京農業大《とうきょうのうぎょうだい》、東京農工大《とうきょうのうこうだい》など、林業《りんぎょう》に関係《かんけい》ある大学《だいがく》の学生《がくせい》がほとんどでした。

たずねた松川入《まつかわいり》は、＊1青森県脇野沢村《あおもりけんわきのさわむら》、＊2岐阜県小坂町《ぎふけんおさかちょう》とともに、カモシカ食害《しょくがい》が問題《もんだい》になっているところです。松川入《まつかわいり》では、一九六七（昭和《しょうわ》四十二）年《ねん》ころから食害《しょくがい》が目立《めだ》つようになりました。そして、一九七九（昭和《しょうわ》五十四）年《ねん》から射殺《しゃさつ》するようになったのです。

翌朝《よくあさ》、八時《じ》に山林組合《さんりんくみあい》の事務所《じむしょ》を出発《しゅっぱつ》しました。マイクロバスは松川《まつかわ》ダムまでしか行《い》けません。ダムで車《くるま》を下《お》りて、急《きゅう》な山道《やまみち》をかなり登《のぼ》って植林地《しょくりんち》の丸根山《まるねやま》に向《む》かいました。十時《じ》から丸根山北東斜面《まるねやまほくとうしゃめん》で作業《さぎょう》がはじまりました。約《やく》三万本《まんぼん》のヒノキにかぶせたポリネットとビニールひもをはずして、回収《かいしゅう》していきます。わたしも作業《さぎょう》を手伝《てつだ》いました。

ヒノキは成長《せいちょう》して、大人《おとな》の背《せ》たけくらいになっています。網《あみ》のポリネットはミカンを包装《ほうそう》しているのとおなじもので、ヒノキの頂上部《ちょうじょうぶ》にかぶせてありました。ポリネットがあるのでカモシカは食《た》べず、食害《しょくがい》が防《ふせ》げるのです。

急《きゅう》な山《やま》の斜面《しゃめん》を上《あ》がり下《お》りしての作業《さぎょう》は、なかなか大変《たいへん》です。斜面《しゃめん》には木《き》の切《き》り株《かぶ》があり、とげのあるニガイチゴ、クマイチゴが生《は》えています。うっかりしていると、

＊1　現在《げんざい》の青森県《あおもりけん》むつ市《し》。　＊2　現在《げんざい》の岐阜県下呂市《ぎふけんげろし》。

とげでケガをしてしまいます。昼休《ひるやす》みをはさんで、午後《ごご》三時半《じはん》まで作業《さぎょう》をしました。学生隊《がくせいたい》のメンバーは、とても熱心《ねっしん》に働《はたら》くので感心《かんしん》しました。

作業中《さぎょうちゅう》、カモシカは見《み》ませんでした。けれどカモシカのフンが落《お》ちており、ヒノキに食《く》いついた痕《あと》も見《み》られました。作業《さぎょう》の後《あと》、学生《がくせい》たちが話《はなし》をしてくれました。

「カモシカの食害《しょくがい》が、新聞《しんぶん》で大《おお》きく報道《ほうどう》されていますよね。でも現地《げんち》に来《き》て作業《さぎょう》を手伝《てつだ》うと、食害《しょくがい》の本当《ほんとう》のことや林業《りんぎょう》をやっている人《ひと》の考《かんが》えがわかって、とてもよいと思《おも》います」

「松川入《まつかわいり》に来《く》ると、林業《りんぎょう》の人《ひと》と植林《しょくりん》のことやカモシカの話《はなし》ができます。話《はなし》をしていけば、カモシカを捕獲《ほかく》したり、殺《ころ》すことなく、食害《しょくがい》を防《ふせ》ぐ方法《ほうほう》を考《かんが》えだすこともできると思《おも》うのです。林業《りんぎょう》の人《ひと》たちに、わたしたち学生《がくせい》の考《かんが》えを聞《き》いてもらえるし、話《はなし》も聞《き》くことができます。この活動《かつどう》は、カモシカの今後《こんご》のためにとてもよいと思《おも》います」

カモシカがヒノキを食《く》い荒《あ》らす、悪《わる》い動物《どうぶつ》だといって、やたらに殺《ころ》しても、解決《かいけつ》にはなりません。林業《りんぎょう》の仕事《しごと》を成《な》り立《た》たせながら、カモシカの保護《ほご》もしていく。共《とも》に生《い》きていく道《みち》はあるはずです。その道《みち》を学生隊《がくせいたい》の人《ひと》たちは、懸命《けんめい》に探《さが》そうとしているのがわかりました。

長野県飯田市《ながのけんいいだし》、丸根山《まるねやま》の斜面《しゃめん》で、秋《あき》に苗木《なえぎ》にかぶせたポリネットの回収作業《かいしゅうさぎょう》をする学生《がくせい》たち。

学生《がくせい》たちの話《はなし》を聞《き》いて、カモシカの捕獲《ほかく》や射殺《しゃさつ》の前《まえ》に、いろいろやることがあるのではないかと考《かんが》えました。本当《ほんとう》にカモシカが増《ふ》えすぎたのか、ちゃんと調《しら》べることが必要《ひつよう》です。まずは生息数《せいそくすう》の調査《ちょうさ》です。どこの県《けん》のどの山《やま》に、何歳《なんさい》くらいのカモシカが何頭生息《なんとうせいそく》しているか。カモシカたちは、山《やま》で何《なに》を食《た》べ、どんな敵《てき》と戦《たたか》い、どう生《い》きているのか。子《こ》どもは何頭《なんとう》くらい生《う》まれて、何歳《なんさい》で大人《おとな》になるのか。その生態調査《せいたいちょうさ》が、おこなわれていないようです。

カモシカについて、基礎的《きそてき》なこと、大切《たいせつ》なことを調《しら》べないで、カモシカは悪《わる》い動物《どうぶつ》だから殺《ころ》せ、という声《こえ》ばかり高《たか》くなっているように思《おも》いました。

人間《にんげん》の数《かず》が増《ふ》えて、人間《にんげん》の経済活動《けいざいかつどう》がさかんになったために、野生動物《やせいどうぶつ》のすみかがうばわれています。そのため人間《にんげん》との摩擦《まさつ》が起《お》きています。館山《たてやま》のサギのコロニーと、カモシカ食害《しょくがい》の問題《もんだい》の根《ね》っこはおなじではないでしょうか。わたしは解決策《かいけつさく》のひとつとして、カモシカがすむ場所《ばしょ》(保護区《ほごく》)をはっきり決《き》めて、そこには人間《にんげん》が入《はい》らないようにしたらよいのではと考《かんが》えました。この方法《ほうほう》の検討《けんとう》は、まだ進《すす》んでいないようです。

松川入《まつかわいり》で学生隊《がくせいたい》の活動《かつどう》を見《み》せてもらい、植林地《しょくりんち》を歩《ある》くことができたのは、大《おお》きな収《しゅう》穫《かく》でした。カモシカと人間《にんげん》の問題《もんだい》は、まだまだいろんなことが起《お》きてくると思《おも》えます。もっと広《ひろ》く、しっかり考《かんが》え、取《と》り組《く》んでいかなければいけないと思《おも》いました。

松川入《まつかわいり》で取材《しゅざい》した一九八二（昭和《しょうわ》五十七）年《ねん》の後《のち》も、カモシカは害獣《がいじゅう》として追《お》われるばかりでした。岐阜《ぎふ》・長野県《ながのけん》のほかにも、一九八九(平成元《へいせいがん》)年《ねん》から愛知《あいち》・静岡《しずおか》・山《やま》形《がた》でも捕獲《ほかく》や射殺《しゃさつ》がはじまりました。そして二万頭以上《まんとういじょう》のカモシカが射殺《しゃさつ》されました。

植林《しょくりん》した木《き》に秋《あき》にポリネットをかぶせ、春《はる》にはずす作業《さぎょう》は、三十年《ねん》たった今《いま》もおこなわれています。わたしがたずねたカモシカ食害防除学生隊《しょくがいぼうじょがくせいたい》は、いま〝かもしかの会《かい》〟や、〝ツキノワの会《かい》〟と名前《なまえ》を変《か》えてボランティア活動《かつどう》をつづけています。

8　オオタカが盗《ぬす》まれた

「私《わたし》たちの自然《しぜん》」の連載《れんさい》は、五年間《ねんかん》、四十八回《かい》（四年目《ねんめ》と五年目《ねんめ》は隔月《かくげつ》に連載《れんさい》）つづけました。北海道《ほっかいどう》の大雪山《たいせつざん》から九州《きゅうしゅう》の出水市《いずみし》まで、北《きた》から南《みなみ》まで各地《かくち》に行《い》きました。行《い》く先《さき》ざきでいろんな野生動物《やせいどうぶつ》に出会《であ》い、野生動物《やせいどうぶつ》と生息地《せいそくち》を懸命《けんめい》に守《まも》っている人《ひと》たちに会《あ》いました。

一九八〇年代《ねんだい》の日本《にほん》では、野鳥《やちょう》や野生動物《やせいどうぶつ》たちが日《ひ》ごとに生息地《せいそくち》をせばめられ、追《お》いつめられていました。いいかえると、各地《かくち》で自然破壊《しぜんはかい》が進《すす》んでいたのです。高度経《こうどけい》済成長時代《ざいせいちょうじだい》のような大規模《だいきぼ》な開発《かいはつ》はなくなりましたが、小規模《しょうきぼ》であっても各地《かくち》で山《やま》がけずられ、沼《ぬま》が埋《う》められ、林《はやし》の木《き》が伐《き》られていました。

行政《ぎょうせい》や企業《きぎょう》のひどいやり方《かた》に何度《なんど》も出会《であ》うと、悲観的《ひかんてき》な気持《きも》ちになります。いまに、日本《にほん》には野鳥《やちょう》や野生動物《やせいどうぶつ》のすみかは、なくなってしまうのではないか。人間《にんげん》が生《い》きていく基盤《きばん》の自然《しぜん》まで失《うしな》ってしまうのではないか、と考《かんが》えたりしました。しかし各地《かくち》をたずねる中《なか》で、こつこつと野鳥《やちょう》や野生動物《やせいどうぶつ》を守《まも》るために働《はたら》いている人《ひと》たちに会《あ》えました。そのことが大《おお》きな救《すく》いでした。

取材《しゅざい》で出会《であ》った人《ひと》たちは、なぜ野鳥《やちょう》や野生動物《やせいどうぶつ》を守《まも》るのか、どう自然《しぜん》を保護《ほご》していくかを真剣《しんけん》に考《かんが》え、話《はな》し合《あ》っていました。迷《まよ》いながらも知恵《ちえ》を出《だ》しあい、一歩《ぽ》ずつ進《すす》んでいました。彼《かれ》らに会《あ》って、わたしは勇気《ゆうき》づけられ、励《はげ》まされました。いろんなことを教《おそ》わりました。かけがえのないすばらしい体験《たいけん》でした。

連載《れんさい》をはじめて三年目《ねんめ》にたずねた栃木県《とちぎけん》・那須野《なすの》が原《はら》のオオタカは、忘《わす》れられない鳥《とり》のひとつです。そこでも、オオタカを守《まも》る人《ひと》たちとの出会《であ》いがありました。

那須野《なすの》が原《はら》で二十四時間《じかん》の密猟監視《みつりょうかんし》をやって、オオタカを守《まも》っている人《ひと》たちがいる。そのことをはじめて知《し》ったのは一九八一（昭和《しょうわ》五十六）年《ねん》六月《がつ》の新聞記事《しんぶんきじ》でした。那《な》須《す》や塩原《しおばら》の山《やま》のふもとにひろがるアカマツ林《ばやし》では、オオタカのひなが盗《ぬす》まれるという事件《じけん》がつづいていました。日本野鳥《にほんやちょう》の会《かい》・栃木県支部《とちぎけんしぶ》の人《ひと》たちは、これでは栃木県《とちぎけん》のオオタカは一羽《わ》もいなくなってしまう、と危機感《ききかん》を持《も》ち、二十四時間《じかん》の監視《かんし》をはじめたのです。

「へえーっ。別荘地《べっそうち》の松林《まつばやし》で二十四時間《じかん》、ずっとオオタカの巣《す》を見《み》はっているとは、すごいなあ」

オオタカ

記事《きじ》を読《よ》んですぐに思《おも》いました。

「見《み》はりをしているのは、どんな職業《しょくぎょう》の人《ひと》なのだろう。なにがきっかけではじめたのかな。二十四時間《じかん》の監視《かんし》って、いったいどんなことをやっているのだろうか」

とても興味《きょうみ》を持《も》ちました。

二十四時間監視《じかんかんし》は、つぎの年《とし》もおこなわれたと知《し》りました。どうしても、話《はなし》を聞《き》きたい、そう思《おも》ったわたしは、日本野鳥《にほんやちょう》の会《かい》・栃木県支部《とちぎけんしぶ》に連絡《れんらく》を取《と》りました。そして一九八二（昭和《しょうわ》五十七）年《ねん》九月《がつ》、栃木《とちぎ》に出《で》かけたのです。最初《さいしょ》に事務局長《じむきょくちょう》、中山正《なかやままさ》匡《ただ》さんに会《あ》って、西那須野《にしなすの》の密猟監視《みつりょうかんし》の現《げん》場《ば》に連《つ》れていってもらいました。そこへ行《い》くと、監視《かんし》のメンバー、菊地《きくち》、高松《たかまつ》、飯沼《いいぬま》、河地《かわち》、石下《いしげ》さんたちが待《ま》っていてくれました。現場《げんば》は静《しず》かな別荘地《べっそうち》です。高《たか》さ二十メートルで幹《みき》も太《ふと》いアカマツの林《はやし》がつづいていました。六月《がつ》に、ここで三羽《わ》のひなが巣《す》立《だ》っていきました。

別荘地《べっそうち》の一角《いっかく》に、小《ちい》さな木造《もくぞう》の監視《かんし》小屋《ごや》がありました。四人《にん》ほどが寝《ね》られるスペースがあり、ここで交代《こうたい》しながら見《み》はりをしたというのでした。

「一年目《ねんめ》の昨年《さくねん》は、車《くるま》の中《なか》で監視《かんし》をしたのですが、とても疲《つか》れるんですよ。それで今年《ことし》は小屋《こや》を作《つく》って泊《と》まれるようにしました。わたしは一週間《しゅうかん》に一度《ど》、洗濯《せんたく》ものをもって家《いえ》に帰《かえ》りました。二か月間《げっかん》、小屋《こや》で寝泊《ねと》まりをしました」

中山《なかやま》さんが話《はな》してくれました。

二十四時間監視《じかんかんし》をやろうといいだしたのは、菊地知義《きくちともよし》さんでした。

「わたしは、ずっと前《まえ》から那須野《なすの》が原《はら》でオオタカ、ハイタカ、ノスリなど猛禽類《もうきんるい》の観《かん》察《さつ》をしていました。ある時《とき》、オオタカの巣《す》を見《み》つけて観察《かんさつ》していると、ひながかえって一週間《しゅうかん》ほどでいなくなってしまうんです。何年《なんねん》も、そうしたことがつづきました。調《しら》べると、ひなを盗《ぬす》んでいくのは密猟者《みつりょうしゃ》だとわかりました」

「ひなを盗《ぬす》んでいって、どうするんですか？」

「自分《じぶん》の家《いえ》でこっそり飼《か》う人《ひと》もいれば、動物商《どうぶつしょう》に売《う》る人《ひと》もいます」

タカはむかし、武将《ぶしょう》たちが鷹狩《たかが》りで使《つか》いました。織田信長《おだのぶなが》も徳川家康《とくがわいえやす》も、鷹狩《たかが》りが好《す》きでタカを飼《か》っていました。それで現代《げんだい》でも、タカにあこがれる人《ひと》がいるのです。

「動物商《どうぶつしょう》は、密猟者《みつりょうしゃ》からひなを買《か》いとって、ほしい人《ひと》に高《たか》く売《う》るわけです」

野鳥《やちょう》をつかまえて飼《か》ったり、卵《たまご》を取《と》ることは、法律《ほうりつ》で禁《きん》じられています。鳴《な》き声《ごえ》がきれいなヒバリやウグイスも、都道府県《とどうふけん》の知事《ちじ》の許可《きょか》がないと飼《か》ってはいけないのです。ましてオオタカは数《かず》が少《すく》ない保護鳥《ほごちょう》。ひなを盗《ぬす》むとは許《ゆる》せないことでした。

一九八一（昭和《しょうわ》五十六）年《ねん》ころ、オオタカは全国《ぜんこく》で五百羽《ひゃくわ》くらいしかいないといわれていました。栃木県北部《とちぎけんほくぶ》には、オオタカは二十つがい、四十羽《わ》くらいしかすんでいません。密猟者《みつりょうしゃ》がひなを毎年盗《まいとしぬす》みつづけ、ひなが育《そだ》たないとしたらたいへんです。

「このままでは栃木《とちぎ》のオオタカがあぶない、みんなで守《まも》らなければと思《おも》って、支部《しぶ》の人《ひと》に話《はな》してまわったんです」

菊地《きくち》さんが巣《す》を守《まも》りたいというと、賛成《さんせい》する人《ひと》が何人《なんにん》もあらわれました。そして栃木県支部《とちぎけんしぶ》の有志《ゆうし》で、オオタカの巣《す》の監視《かんし》をすることになったのです。＊西那須野町《にしなすのまち》で二十四時間監視《じかんかんし》がはじまったのは、一九八一（昭和《しょうわ》五十六）年《ねん》五月《がつ》二十四日《か》のことです。

＊ 現在《げんざい》の栃木県那須塩原市《とちぎけんなすしおばらし》。

手伝《てつだ》いの小学生《しょうがくせい》もくわわって、新《あたら》しいオオタカの巣を探《すさが》す監視《かんし》のメンバーたち。

最初《さいしょ》の夜《よる》、見《み》はりに立《た》ったのは、事務局長《じむきょくちょう》の中山《なかやま》さんでした。中山《なかやま》さんは小型《こがた》のジープに乗《の》ってやってきました。車《くるま》は、見《み》はり小屋《ごや》のかわりです。

「六月《がつ》の別荘地《べっそうち》は、人《ひと》はほとんどいません。夜《よる》はまっ暗《くら》で、本当《ほんとう》にこわかったです。ずっとふるえていました。勇気《ゆうき》を出《だ》そうと、夜中《よなか》に大声《おおごえ》で歌《うた》をうたっていましたよ」

朝《あさ》がきて、交代《こうたい》の人《ひと》があらわれたとたん、体中《からだじゅう》の力《ちから》がぬけました。

「二回《かい》、三回《かい》、見《み》はりをやると、だんだん平気《へいき》になっていきました。でも夜明《よあ》けのころは、いつも緊張《きんちょう》するんですよ。密猟者《みつりょうしゃ》がやってくる、魔《ま》の時間《じかん》ですからね」

明《あか》るい昼間《ひるま》も安心《あんしん》はできない、と中山《なかやま》さんはいいました。

「道路《どうろ》を行《い》きかうふつうの車《くるま》や、通行人《つうこうにん》をよそおって、密猟者《みつりょうしゃ》がやってくるかもしれませんからね。ゆだんはできないのです」

監視員《かんしいん》の車《くるま》のタイヤが、ナイフで傷《きず》つけられたこともあったのです。

「こんなことがありました。見《み》はりをしていると、一台《だい》のあやしい車《くるま》がきたんです。車《くるま》から男《おとこ》の人《ひと》が、こっちをじっとうかがっています。その人《ひと》は、別荘地《べっそうち》のパトロールをしているといいました。ここで何《なに》をしているのかと聞《き》かれたので、オオタカの巣《す》の見《み》はりだと答《こた》えました。男《おとこ》の人《ひと》は、わたしの望遠鏡《ぼうえんきょう》で長《なが》い時間《じかん》、オオタカをながめて帰《かえ》っていきました」

男《おとこ》の人《ひと》は密猟者《みつりょうしゃ》ではなく、別荘地《べっそうち》に土地《とち》を持《も》っている人《ひと》でした。別荘地《べっそうち》は用心《ようじん》が悪《わる》いので、パトロールをかってでて、まわっていたのです。オオタカの二十四時間監視《じかんかんし》のことは知《し》らず、中山《なかやま》さんに説明《せつめい》されておどろいていました。

四日後《かご》、男《おとこ》の人《ひと》は中山《なかやま》さんのところに、またやってきました。そして日本野鳥《にほんやちょう》の会《かい》の入会申込書《にゅうかいもうしこみしょ》と会費《かいひ》をさしだしたのです。その人《ひと》は、別荘地《べっそうち》にオオタカの巣《す》があるのにおどろき、二十四時間監視の人たちに、感動したのでした。自分も応援したいと日本野鳥《ほんやちょう》の会《かい》への入会《にゅうかい》をきめ、さらに見《み》はりを手伝《てつだ》うと申《もう》し出《で》たのでした。

「オオタカが新《あたら》しいなかまをつくってくれました」

中山《なかやま》さんはうれしそうに、話《はな》しました。

六月《がつ》、見《み》はりをしてもらった巣《す》から、三羽《わ》のひなが巣立《すだ》っていきました。

交代《こうたい》で見《み》はりをしたのは、工場《こうじょう》に勤《つと》めている人《ひと》、農業《のうぎょう》の人《ひと》、学校《がっこう》の先生《せんせい》、大学生《だいがくせい》などでした。みんな時間《じかん》をつくって、西那須野《にしなすの》の松林《まつばやし》にかけつけました。見《み》はりはできないけど、オオタカを守《まも》る費用《ひよう》にとカンパしてくれた人《ひと》、野菜《やさい》や食料《しょくりょう》を届《とど》けてくれた人《ひと》がいました。多《おお》くの人《ひと》の力《ちから》で、オオタカの巣《す》は守《まも》られました。

「二年目《ねんめ》は、見《み》はりがはじまる前《まえ》に事件《じけん》があって、どうなるかと思《おも》いましたよ」

菊地《きくち》さんが話《はな》してくれました。

二年目《ねんめ》の一九八二（昭和《しょうわ》五十七）年《ねん》四月《がつ》、二十四時間監視《じかんかんし》をはじめる前《まえ》です。菊地《きくち》さんと飯沼《いいぬま》さんは、オオタカの巣《す》三か所《しょ》のパトロールをしていました。ふたりは、黒《くろ》磯《いそ》の巣《す》にきてびっくりしました。オオタカの巣《す》がこわされ、巣材《すざい》の枝《えだ》が木《き》の下《した》にちらばっていました。卵《たまご》は見《み》つかりません。密猟者《みつりょうしゃ》のいやがらせでした。

「ほかの巣《す》もあぶない、すぐに見《み》にいこう」

菊地《きくち》さんたちは二つ目《め》の巣《す》に急《いそ》ぎました。千本松牧場《せんぼんまつぼくじょう》の巣《す》にくると、そこも荒《あ》らされていました。その巣《す》では、二個《こ》の卵《たまご》が地面《じめん》に落《お》とされ、わられていたのです。ふたりは三つ目《め》の巣《す》へかけつけました。そこは荒《あ》らされていませんでした。

「密猟者《みつりょうしゃ》はいつも姿《すがた》をあらわしません。どっかで、監視《かんし》の人間《にんげん》の動《うご》きをうかがっているんですね。だからすきを見《み》せると、すぐに襲《おそ》いかかってくるんです」

こういって菊地《きくち》さんは、割《わ》れたオオタカの卵《たまご》を見《み》せてくれました。密猟者《みつりょうしゃ》に落《お》とされ、割《わ》れた卵《たまご》を菊地《きくち》さんがひろって、接着剤《せっちゃくざい》ではり合《あ》わせたものでした。

「密猟者《みつりょうしゃ》の残酷《ざんこく》なしわざを、多《おお》くの人《ひと》に見《み》てもらおうと、持《も》って歩《ある》いています」

菊地《きくち》さんは怒《いか》りをおさえながら、話《はな》しました。

二年目《ねんめ》は監視小屋《かんしごや》をつくり、巣《す》がある木《き》のまわりに、有刺鉄線《ゆうしてっせん》をはりました。ビデオカメラもセットしました。小屋《こや》のモニターテレビで巣《す》のようすを見《み》られるようにしたのです。密猟者《みつりょうしゃ》がくれば線《せん》にひっかかり、鳴《な》りだす非常《ひじょう》ベルもしかけました。

地元《じもと》の人《ひと》も、前《まえ》の年《とし》とはちがって応援《おうえん》してくれ、警察《けいさつ》は夜《よる》のパトロールをやってくれました。真夜中《まよなか》に非常《ひじょう》ベルが鳴《な》ることがありました。かけつけると、林《はやし》の中《なか》をにげる男《おとこ》のすがたが見《み》えました。非常《ひじょう》ベルの線《せん》は、何度《なんど》か切《き》られました。監視小屋《かんしごや》は、いつも緊張感《きんちょうかん》でいっぱいでした。

一九八二（昭和《しょうわ》五十七）年《ねん》六月《がつ》二十四日《か》、西那須野《にしなすの》の巣《す》からオオタカは巣立《すだ》っていきました。二年目《ねんめ》もひとつの巣《す》を守《まも》りぬきました。

二十四時間監視《じかんかんし》の中心《ちゅうしん》メンバー、中山《なかやま》、菊地《きくち》、飯沼《いいぬま》、高松《たかまつ》さんたちに、一年目《ねんめ》、二年目《ねんめ》の見《み》はりの話《はなし》を、しっかり聞《き》くことができました。

密猟者《みつりょうしゃ》がいつ来《く》るか、どきどきしながら監視《かんし》する緊張感《きんちょうかん》と恐怖感《きょうふかん》がびんびん伝《つた》わってきました。たったひとつの巣《す》を、たくさんの人《ひと》が力《ちから》をあわせて守《まも》っていく。そうやって、日本《にほん》の自然《しぜん》や野生動物《やせいどうぶつ》は守《まも》られるのだと思《おも》いました。

そして、だれかが立《た》ち上《あ》がって、活動《かつどう》をしていかないと、日本《にほん》の山《やま》や海《うみ》、森《もり》などの自然《しぜん》は壊《こわ》され、生《い》き物《もの》は数《かず》を減《へ》らしていきます。わたしたちの子《こ》ども、孫《まご》、ずっとあとの時代《じだい》の人間《にんげん》のために、いましっかりやっておかなければいけないのです。

那須野《なすの》が原《はら》のオオタカは自分《じぶん》たちが守《まも》っていく。とても純粋《じゅんすい》で、オオタカを守《まも》る活動《かつどう》に真剣《しんけん》に取《と》り組《く》んでいる栃木《とちぎ》の人《ひと》たちに、心《こころ》が熱《あつ》くなりました。帰《かえ》るまでに彼《かれ》らのファンになりました。

西那須野《にしなすの》のアカマツ林《ばやし》にならんだ、2年目《ねんめ》のオオタカ密猟監視《みつりょうかんし》メンバーの人《ひと》たち。
（「私たちの自然」1982年11月号に描いたイラスト。）

記事《きじ》を書《か》いた後《あと》も栃木《とちぎ》の人《ひと》たちは、二十四時間監視活動《じかんかんしかつどう》をつづけていきました。

四年目《ねんめ》の一九八四（昭和《しょうわ》五十九）年《ねん》から、見《み》はりのやり方《かた》は大《おお》きく変《か》わりました。見《み》はりの小屋《こや》は、別荘地《べっそうち》を管理《かんり》している大《おお》きな建物《たてもの》になりました。そこを借《か》りることができたのです。見《み》はる巣《す》は三つにふえ、赤外線《せきがいせん》センサーの警報装置《けいほうそうち》を使《つか》うようになりました。バリケードもがんじょうなものに変《か》えました。

何回《なんかい》か栃木《とちぎ》に行《い》って、日本野鳥《にほんやちょう》の会栃木県支部《かいとちぎけんしぶ》の人《ひと》たちとすっかり仲《なか》よしになりました。それで、取材《しゅざい》の後《あと》も密猟監視《みつりょうかんし》の現場《げんば》に行《い》って、活動《かつどう》のようすを見《み》せてもらいました。見《み》はり小屋《ごや》で泊《と》めてもらい、早朝《そうちょう》のパトロールに同行《どうこう》もしました。

一九八五（昭和《しょうわ》六十）年《ねん》には東京《とうきょう》で「国際《こくさい》ワシタカシンポジウム」が開《ひら》かれました。中山《なかやま》さん、遠藤《えんどう》さんたちが出席《しゅっせき》して、五年間《ねんかん》のオオタカ密猟監視活動《みつりょうかんしかつどう》を報告《ほうこく》しました。たくさんの人《ひと》が、栃木県《とちぎけん》の人《ひと》たちの話《はなし》に目《め》を開《ひら》かされ、猛禽類保護《もうきんるいほご》への関心《かんしん》が広《ひろ》がりました。

一九八一（昭和《しょうわ》五十六）年《ねん》から九一（平成《へいせい》三）年《ねん》までの十年間《ねんかん》、栃木県《とちぎけん》の人《ひと》たちが見《み》はりをしたオオタカの巣《す》は、ぜんぶで六十か所《しょ》、巣立《すだ》っていったひなは百十羽《ひゃくわ》です。那須野《なすの》が原《はら》の活動《かつどう》は日本中《にほんじゅう》の人《ひと》が知《し》ることとなり、国《くに》をも動《うご》かしました。

その活動《かつどう》があって、一九八三（昭和《しょうわ》五十八）年《ねん》には、オオタカ、クマタカ、ハヤブサなど六種《しゅ》の猛禽類《もうきんるい》が特殊鳥類《とくしゅちょうるい》に指定《してい》されました。「特殊鳥類《とくしゅちょうるい》」に指定《してい》された鳥《とり》は、飼《か》う、ゆずる、輸出《ゆしゅつ》するなどがきびしく制限《せいげん》されます。一九九二（平成《へいせい》四）年《ねん》には、「絶滅《ぜつめつ》のおそれがある野生動植物《やせいどうしょくぶつ》の種《しゅ》の保存《ほぞん》に関《かん》する法律《ほうりつ》」が制定《せいてい》されました。これらによって、栃木県《とちぎけん》の人《ひと》たちがのぞんでいた密猟《みつりょう》や違法飼育《いほうしいく》への取《と》り締《し》まりがきびしくなりました。

9　佐渡《さど》のトキ保護《ほご》センターへ

新潟県佐渡島《にいがたけんさどがしま》にある〈トキ保護《ほご》センター〉をたずねたのは、一九八一（昭和《しょうわ》五十六）年《ねん》十一月《がつ》のことです。

「私《わたし》たちの自然《しぜん》」の連載《れんさい》をはじめた時《とき》、佐渡《さど》のトキ（日本《にほん》のトキ）は六羽《わ》になっていました。わたしは、トキ保護《ほご》センターに行《い》って、トキ保護《ほご》の現場《げんば》を見《み》たいと思《おも》いました。絶滅《ぜつめつ》に直面《ちょくめん》しているトキのことをきちんと知《し》りたいと考《かんが》えたのです。日本鳥類保護連盟《にほんちょうるいほごれんめい》を通《つう》じて環境庁《かんきょうちょう》に連絡《れんらく》すると、今《いま》からトキ捕獲作戦《ほかくさくせん》がはじまるので、訪問《ほうもん》は少《すこ》し先《さき》にしてほしいといわれました。

そのころ環境庁《かんきょうちょう》と鳥《とり》の専門家《せんもんか》たちの集《あつ》まりで、トキをどう保護《ほご》していくか、何度《なんど》か会議《かいぎ》が開《ひら》かれていました。会議《かいぎ》の結果《けっか》、「佐渡《さど》にいる野生《やせい》のトキをぜんぶ捕《つか》まえ、トキ保護《ほご》センターで増《ふ》やしていこう」と決《き》まったのです。野生《やせい》のトキ捕獲作戦《ほかくさくせん》は、一九八〇年《ねん》（昭和《しょうわ》五十五）年《ねん》十二月《がつ》からよく年《ねん》二月《がつ》にかけて、山階鳥類研究所《やましなちょうるいけんきゅうじょ》の研究員《けんきゅういん》によっておこなわれました。

一九八一（昭和《しょうわ》五十六）年《ねん》一月《がつ》に、トキのオス四羽《わ》とメス一羽《わ》が捕獲《ほかく》されました。日本《にほん》の野生《やせい》のトキ、全部《ぜんぶ》です。すぐにトキ保護《ほご》センターで、五羽《わ》のトキの飼育《しいく》がはじまりました。けれど六月《がつ》になり、二羽《わ》が亡《な》くなりました。残《のこ》ったトキは、前《まえ》からいたキンをふくめて四羽《わ》です。捕獲作戦《ほかくさくせん》の三羽《わ》は、つけられた足環《あしわ》の色《いろ》で、シロ、アオ、ミドリとよばれていました。

二羽《わ》のトキが死《し》んだころ、中国《ちゅうごく》から思《おも》いがけないニュースが飛《と》びこんできました。中国《ちゅうごく》、陝西省《シェンシーしょう》の山中《さんちゅう》で、野生《やせい》のトキが七羽発見《わはっけん》された、というニュースです。トキはむかし、日本《にほん》だけでなく、中国《ちゅうごく》や韓国《かんこく》、シベリア東部《とうぶ》など、東《ひがし》アジア一帯《いったい》に生息《せいそく》していました。けれど、狩猟《しゅりょう》や開発《かいはつ》のため、どの国《くに》でもすがたを消《け》していました。中国《ちゅうごく》でもトキは滅《ほろ》びたと考《かんが》えられていました。それが、陝西省《シェンシーしょう》の山中《さんちゅう》でひなを育《そだ》てているのが発見《はっけん》されたのです。このニュースは、多《おお》くの人《ひと》を勇気《ゆうき》づけました。日本《にほん》のトキも絶《ぜつ》滅《めつ》から救《すく》えるかもしれない。未来《みらい》に明《あか》るい光《ひかり》がさしてきたのでした。

捕獲作戦《ほかくさくせん》が終《お》わって十か月《げつ》。環境庁《かんきょうちょう》からやっと許可《きょか》がでて、佐渡《さど》をたずねました。

トキ保護《ほご》センターは、佐渡《さど》の＊新穂村《にいぼむら》から車《くるま》がやっと通《とお》れる山道《やまみち》を、六キロほど上《あ》がった山《やま》の中《なか》、清水平《しみずだいら》にありました。新穂村《にいぼむら》で研究員《けんきゅういん》の近辻宏帰《ちかつじこうき》さんと待《ま》ち合《あ》わせ、

＊現在《げんざい》の新潟県佐渡市《にいがたけんさどし》。

影山一雄《かげやまかずお》さんの運転《うんてん》する車《くるま》に乗《の》せてもらって向《む》かいました。

一ヘクタールの敷地《しきち》には、観察《かんさつ》や研究《けんきゅう》をする建物《たてもの》が二つと、ドジョウを育《そだ》てる池《いけ》、野生《やせい》のトキが飛《と》んできてエサを食《た》べる小《ちい》さな田《た》んぼがありました。とても静《しず》かなところで、トキを飼育《しいく》するのにはよい環境《かんきょう》でした。

センターには、責任者《せきにんしゃ》で研究員《けんきゅういん》の近辻《ちかつじ》さん、飼育員《しいくいん》の高野高治《たかのたかじ》さん、獣医師《じゅういし》の小池《こいけ》克己《かつみ》さん、輸送担当《ゆそうたんとう》の影山《かげやま》さんの四名《めい》が働《はたら》いていました。

管理棟《かんりとう》の前《まえ》に立《た》つとセンターの全景《ぜんけい》がながめられます。近辻《ちかつじ》さんが説明《せつめい》してくれました。

「ここには、三つのケージがあります。かまぼこ型《がた》のケージには、キンと研究用《けんきゅうよう》のクロトキ、となりのケージには捕獲作戦《ほかくさくせん》でとらえられたシロ、アオ、ミドリの三羽《わ》が生《せい》活《かつ》しています」

十時《じ》のエサをやる時間《じかん》です。近辻《ちかつじ》さんと小池獣医師《こいけじゅういし》は、エサの用意《ようい》をはじめました。

「一か月前《げつまえ》、シロとアオ、ミドリの三羽《わ》は、人工飼料《じんこうしりょう》への切《き》り替《か》えが終《お》わったところです。野生《やせい》のトキは、生《い》きたドジョウやフナ、カエルなどを食《た》べます。けれど、生《い》きたエサには細菌《さいきん》や寄生虫《きせいちゅう》がついているおそれがありますよね。人工飼料《じんこうしりょう》にすればその

小佐渡《こさど》の山《やま》の中《なか》、清水平《しみずだいら》につくられた旧佐渡《きゅうさど》トキ保護《ほご》センター。写真《しゃしん》の中央《ちゅうおう》、林《はやし》の手前《てまえ》に見《み》えるケージで、トキ4羽《わ》が飼育《しいく》されていた。

心配《しんぱい》はないし、病気《びょうき》になったときなど飼《し》料《りょう》の中《なか》に、ビタミン剤《ざい》や薬《くすり》などをまぜて食《た》べさせることができるんですよ」

エサの用意《ようい》ができて、近辻《ちかつじ》さんと小池《こいけ》獣医師《じゅういし》がケージに入《はい》っていきます。取材《しゅざい》のためにきたわたしは、ケージの外《そと》から双眼鏡《そうがんきょう》で見学《けんがく》させてもらいました。

クアー　クアー。ケージから、うれしそうに鳴《な》いているトキの声《こえ》が聞《き》こえてきます。

エサ出《だ》しの仕事《しごと》が終《お》わり、もどってきた近辻《ちかつじ》さんがいいました。

「エサをやってる時間《じかん》にも、トキの羽《はね》のつや、皮膚《ひふ》の色《いろ》、動作《どうさ》などをしっかり観《かん》察《さつ》しています。そして、トキの体《からだ》に異常《いじょう》

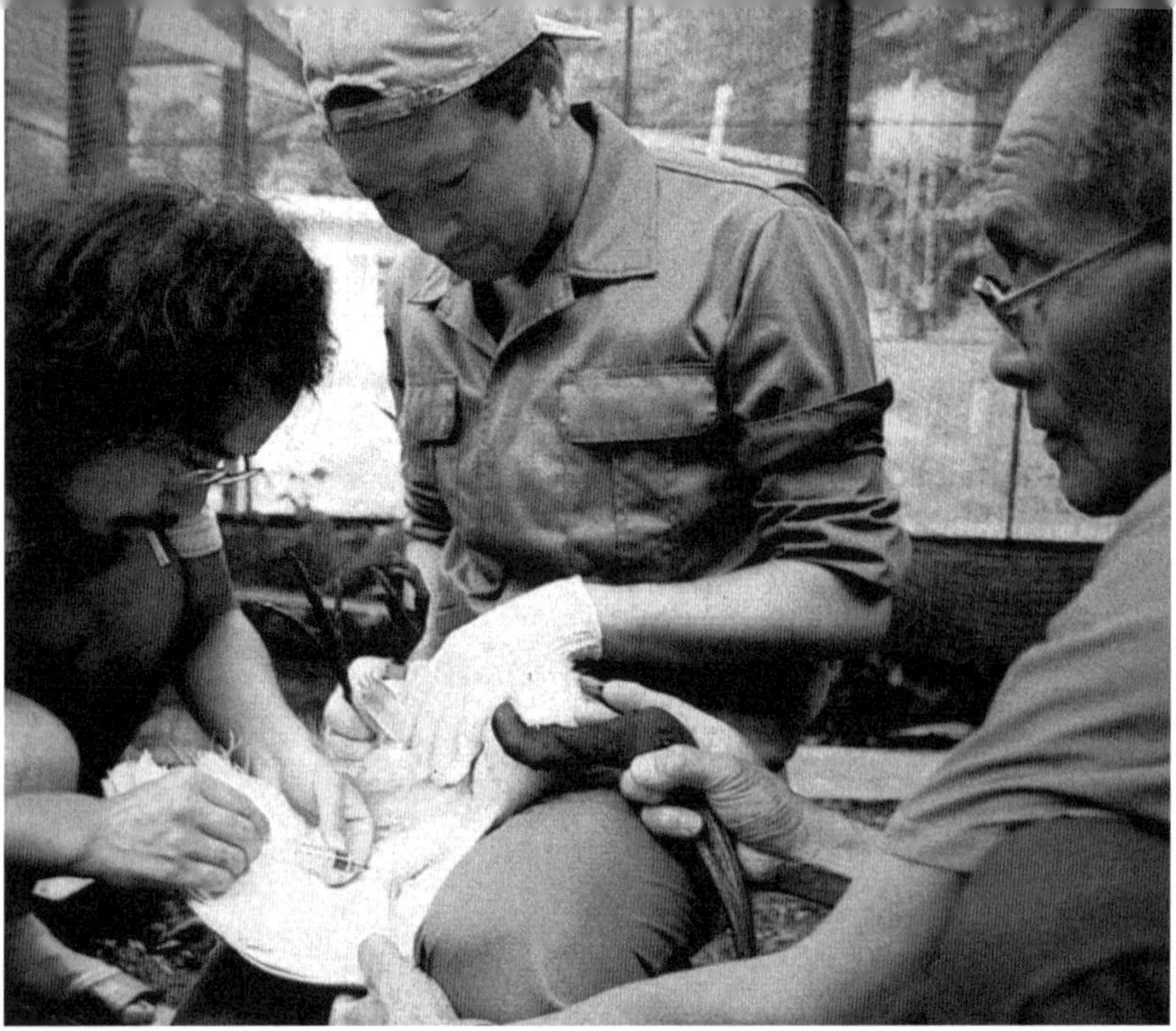

研究《けんきゅう》のために飼育《しいく》しているクロトキの採血《さいけつ》をする。
左《ひだり》から小池獣医師《こいけじゅういし》、近辻《ちかつじ》さん、高野《たかの》さん。

はないか、動《うご》きはどうか、よく見《み》ていて、健康状態《けんこうじょうたい》をチェックするんです」

この日《ひ》、四羽《わ》とも元気《げんき》にしており、エサもちゃんと食《た》べました。

その後《あと》、近辻《ちかつじ》さんにトキのことや、トキ保護《ほご》センターの今《いま》の仕事《しごと》、これからのトキ保護《ほご》について話《はなし》を聞《き》きました。小池《こいけ》獣医師《じゅういし》は、管理棟《かんりとう》の窓《まど》から双眼鏡《そうがんきょう》でケージのトキのようすをチェックしています。飼育員《しいくいん》の高野《たかの》さんは、もくもくと作業《さぎょう》をしていました。

近辻《ちかつじ》さんも小池獣医師《こいけじゅういし》も、とても明《あか》るく対応《たいおう》してくれました。けれど、捕獲作《ほかくさく》戦《せん》でとらえた五羽《わ》のうち二羽《わ》が死《し》んで、まだ四か月《げつ》です。もう一羽《わ》のトキも死《し》なせてはいけない、という強《つよ》い緊張感《きんちょうかん》と悲壮感《ひそうかん》がトキ保護《ほご》センターにはみなぎっていました。ぴりぴりした空気《くうき》に、日本《にほん》のトキのきびしいいまと、これからを知《し》らされたのでした。

研究員《けんきゅういん》の近辻《ちかつじ》さんとは年齢《ねんれい》も近《ちか》いこともあり、親《した》しくなれました。

近辻《ちかつじ》さんは新潟県《にいがたけん》の人《ひと》ではありません。東京都《とうきょうと》の、[*1]田無市《たなしし》出身《しゅっしん》で、早稲田大学《わせだだいがく》の教育学部《きょういくがくぶ》で学《まな》びました。卒業後《そつぎょうご》は、中学《ちゅうがく》か高校《こうこう》の地理《ちり》の先生《せんせい》になるはずでした。けれど自然《しぜん》や生《い》き物《もの》が好《す》きだったので、卒業前《そつぎょうまえ》になって国立公園《こくりつこうえん》の[*2]レンジャーを志望《しぼう》しました。早稲田大学《わせだだいがく》を卒業《そつぎょう》した後《あと》、東京農業大学《とうきょうのうぎょうだいがく》の林学科《りんがくか》に入《はい》って、勉強《べんきょう》をし直《なお》していました。そんな時《とき》、先輩《せんぱい》に声《こえ》をかけられました。

「トキの飼育《しいく》をする人《ひと》を探《さが》している。近辻《ちかつじ》くん、佐渡《さど》へ行《い》ってみないか」

近辻《ちかつじ》さんは、トキといっしょに生活《せいかつ》できるのはすばらしい、やってみたいと佐渡《さど》に来《き》ました。

「二年《ねん》くらいここで働《はたら》こうと思《おも》ってきたのが、もう十四年《ねん》たちました。すっかり佐渡《さど》の人間《にんげん》になってしまいましたよ」

近辻《ちかつじ》さんはわらいながら、話《はな》してくれました。

＊1　現在《げんざい》の東京都《とうきょうと》西東京市《にしとうきょうし》。　＊2　国定公園《こくていこうえん》や国立公園《こくりつこうえん》などの自然《しぜん》を管理《かんり》し、保護《ほご》の活動《かつどう》をする人《ひと》。

トキ保護《ほご》センターで三日間《かかん》の取材《しゅざい》を終《お》えた後《あと》、近辻《ちかつじ》さんにアドバイスをもらい、佐《さ》渡《ど》のあちこちをたずねました。新穂村《にいぼむら》では、新穂《にいぼ》トキ愛護会《あいごかい》の人《ひと》たちに話《はなし》を聞《き》きました。前浜海岸《まえはまかいがん》の片野尾《かたのお》、立間《たつま》でも、長《なが》い間《あいだ》トキ保護《ほご》に力《ちから》をつくした人《ひと》たちから話《はなし》を聞《き》きました。野生《やせい》のトキが最後《さいご》まで営巣《えいそう》していた谷《たに》や、捕獲作戦《ほかくさくせん》の水田《すいでん》も歩《ある》きました。懸命《けんめい》にトキの飼育《しいく》にあたっているトキ保護《ほご》センターの人《ひと》たち、トキをわが子《こ》のように思《おも》って保護《ほご》をしてきた地元《じもと》の人《ひと》たち、涙《なみだ》を流《なが》しながらトキのことを話《はな》してくれた人《ひと》たち。わたしは強《つよ》く心《こころ》を動《うご》かされました。佐渡《さど》をたずねて、トキの持《も》っているふしぎな魅力《みりょく》、トキと人間《にんげん》の長《なが》いかかわりを知《し》ったのです。

帰《かえ》りの船《ふね》の上《うえ》で、小《ちい》さくなっていく島《しま》をながめて思《おも》いました。トキはどんな道《みち》をたどってきたのか、長《なが》い間《あいだ》のトキ保護《ほご》ではどんなことがあったのか、いろいろ調《しら》べてみたい。トキは、わたしの体《からだ》の中《なか》にしっかりすみはじめました。

江戸時代《えどじだい》、トキは日本中《にほんじゅう》にすんでいました。江戸時代《えどじだい》の書物《しょもつ》を見《み》ると、トキが日本《にほん》の各地《かくち》に多《おお》くいたことがわかります。とくに東北地方《とうほくちほう》にはたくさん生息《せいそく》していました。田植《たう》えが終《お》わったばかりの水田《すいでん》にきて、苗《なえ》を踏《ふ》みあらします。こまった農民《のうみん》は代官所《だいかんしょ》に頼《たの》み、トキを追《お》いはらってもらいました。そんな記録《きろく》があります。

一七三五年、*享保《きょうほう》のころに日本各地《にほんかくち》で動植物《どうしょくぶつ》の調査《ちょうさ》がおこなわれました。その結果《けっか》をまとめた『産物帳《さんぶつちょう》』を見《み》ると、トキは北海道《ほっかいどう》から中国地方《ちゅうごくちほう》まで、日本中《にほんじゅう》に広《ひろ》くすんでいました。

江戸時代《えどじだい》には野鳥《やちょう》を保護《ほご》する制度《せいど》がしかれ、きびしく守《まも》られていました。しかし明治時代《じじだい》になるとその制度《せいど》はなくなり、だれもが鳥《とり》をつかまえ、殺《ころ》すことができるようになりました。大型《おおがた》で白《しろ》い鳥《とり》は、狩猟《しゅりょう》の標的《ひょうてき》となったのです。トキは大《おお》きくて目立《めだ》ちますし、動作《どうさ》ものろく、鉄砲《てっぽう》でねらわれ、つぎつぎに撃《う》たれてしまいました。また、トキの羽根《はね》を使《つか》って、羽根《はね》ぶとんや羽根《はね》ぼうきがつくられました。トキの羽根《はね》はやわらかくて、ほこりがたちません。評判《ひょうばん》になって、よく売《う》れました。トキはどんどん捕《と》らえられ、羽根《はね》をとられて、数《かず》を減《へ》らしていきました。

大正時代《たいしょうじだい》の終《お》わりには、トキは各地《かくち》で見《み》られなくなり、この鳥《とり》は日本《にほん》から姿《すがた》を消《け》した、と教科書《きょうかしょ》にも書《か》かれました。

そのトキがまだ佐渡島《さどがしま》にいるとわかったのは、一九三〇（昭和《しょうわ》五）年《ねん》のことです。本州《ほんしゅう》を追《お》われたトキは、日本海《にほんかい》にうかぶ佐渡島《さどがしま》でひっそり生活《せいかつ》していました。鳥類学《ちょうるいがく》

＊江戸時代《えどじだい》のの元号《げんごう》の一つ。

者《しゃ》が佐渡《さど》をたずね、トキが百羽《ひゃくわ》ほどいるのを確認《かくにん》しました。それから二十年《ねん》がたち、太平洋戦争《たいへいようせんそう》が終《お》わった七年後《ねんご》の一九五二（昭和《しょうわ》二十七）年《ねん》、佐渡《さど》では人《ひと》びとが、トキを保護《ほご》しようと動《うご》きはじめました。この年《とし》、トキは特別天然記念物《とくべつてんねんきねんぶつ》に指定《してい》されました。けれどその年《とし》、佐渡《さど》には、たった二十四羽《わ》のトキしかいませんでした。

トキ保護《ほご》センターの仕事《しごと》がはじまったのは、一九六七（昭和《しょうわ》四十二）年《ねん》十一月《がつ》のことです。能登半島《のとはんとう》に最後《さいご》までいた一羽《わ》、佐渡《さど》の水田《すいでん》に迷《まよ》いでた幼鳥《ようちょう》、それらを収容《しゅうよう》して飼育《しいく》がはじまりました。そして一九八一（昭和《しょうわ》五十六）年《ねん》には、野生《やせい》のトキ捕獲作戦《ほかくさくせん》で五羽《わ》を収容《しゅうよう》したのでした。

トキについて勉強《べんきょう》しながら、わたしは年《ねん》に一度《ど》くらい、佐渡《さど》をたずねました。トキ保護《ほご》センターでは、トキを増《ふ》やそうと努力《どりょく》がつづけられていました。中国《ちゅうごく》からトキを借《か》りて、佐渡《さど》のトキとペアリング*をしました。ぎゃくに日本《にほん》のトキを中国《ちゅうごく》に送《おく》って、むこうのトキとのペアリングも試《こころ》みられました。けれどひなは産《う》まれず、懸命《けんめい》な努力《どりょく》は結果《けっか》にむすびつきませんでした。

トキは増《ふ》えず、佐渡《さど》をたずねる度《たび》にその数《かず》がへっていきました。はじめてたずねた

日本産《にほんさん》で、最後《さいご》のトキとなったキン。2003年《ねん》10月《がつ》に亡《な》くなった。

一九八一（昭和《しょうわ》五十六）年《ねん》にトキは四羽《わ》いましたが、二年後《ねんご》の一九八三（昭和《しょうわ》五十八）年《ねん》にはシロが死《し》んで三羽《わ》に、三年《ねん》後《ご》にはアオが死《し》んでトキは二羽《わ》となりました。

そのころ岩波書店《いわなみしょてん》の編集者《へんしゅうしゃ》からわたしに、雑誌《ざっし》『世界《せかい》』へ日本《にほん》のトキについて原稿《げんこう》の依頼《いらい》がありました。トキのミドリは中国《ちゅうごく》から帰《かえ》ったばかりです。北京動物園《ペキンどうぶつえん》で、メスのヤオヤオとペアリングしたのですが、ひなは産《う》まれませんでした。わたしは、キンとミドリには卵《たまご》を産《う》み、ひなを育《そだ》てる力《ちから》はもうない、と思《おも》っていました。それで雑誌《ざっし》『世界《せかい》』には、日本《にほん》のトキは絶滅《ぜつめつ》が近《ちか》い、トキがふたたび佐渡《さど》の空《そら》を舞《ま》うことはなく

＊ 繁殖《はんしょく》のため結婚《けっこん》させること。

なった、と書《か》きました。その原稿《げんこう》のタイトルは「トキが消《き》える日《ひ》」としました。
原稿《げんこう》を書《か》いた三年後《ねんご》の一九九五（平成《へいせい》七）年《ねん》、ミドリは死《し》にました。日本《にほん》のトキは、キン一羽《わ》となってしまったのです。日本《にほん》のトキの絶滅《ぜつめつ》する日《ひ》が近《ちか》づいていました。キンは、二〇〇三（平成《へいせい》十五）年《ねん》十月《がつ》十日《か》に亡《な》くなりました。一九六七（昭和《しょうわ》四十二）年生《ねんう》まれですから、キンは三十六歳《さい》でした。人間《にんげん》なら百《ひゃく》歳《さい》をこえている年齢《ねんれい》だといいます。

ここで、「絶滅《ぜつめつ》」について考《かんが》えてみたいと思《おも》います。「絶滅《ぜつめつ》」というのは、ある生《い》き物《もの》がすっかり滅《ほろ》びること、地球上《ちきゅうじょう》からいなくなることをいいます。

リョコウバト

今《いま》から百年《ひゃくねん》ほど前《まえ》に絶滅《ぜつめつ》した鳥《とり》に、リョコウバトがいます。この鳥《とり》は、鳥《とり》の歴史《れきし》の中《なか》でいちばん数《かず》が多《おお》かった鳥《とり》で、五十億羽《おくわ》いたといわれます。北《きた》アメリカ東部《とうぶ》から中央《ちゅうおう》アメリカにすみ、北《きた》の地方《ちほう》の原生林《げんせいりん》で繁殖《はんしょく》し、その後南《ごみなみ》の地方《ちほう》に渡《わた》って越冬《えっとう》しました。

リョコウバトは、体長《たいちょう》が四十センチメートルある大《おお》きいハトです。繁殖期《はんしょくき》には原生《げんせい》林《りん》に集団《しゅうだん》で巣《す》をつくりました。一か所《しょ》に、三千万《ぜんまん》から五千万羽《せんまんば》が集《あつ》まって子育《こそだ》てします。営巣《えいそう》した林《はやし》では、木《き》の実《み》や葉《は》がほとんど食《た》べられ、大量《たいりょう》のふんで、下草《したくさ》は枯《か》れてしまいました。

数《かず》が多《おお》かったので、かんたんに捕《と》らえることができました。大群《たいぐん》で飛《と》んでいる低《ひく》い空《そら》や、鈴《すず》なりに止《と》まる木《き》に向《む》かって、銃《じゅう》をつづけて撃《う》てば大量《たいりょう》のハトが落《お》ちてきたのです。人《ひと》びとはかたっぱしから捕《と》らえました。捕《と》らえたハトは、船《ふね》で都会《とかい》に運《はこ》んだり、タルで塩漬《しおづ》けにして長《なが》い期間《きかん》食《た》べられるようにしました。

リョコウバトが数《かず》をへらした大《おお》きな原因《げんいん》は、人間《にんげん》の乱獲《らんかく》*です。大《おお》きくてたっぷり肉《にく》があり、味《あじ》がよいハトは、人間《にんげん》には最上《さいじょう》の食料《しょくりょう》でした。開拓《かいたく》のために森《もり》や林《はやし》の木《き》がどんどん伐《き》られたことも、数《かず》がへった原因《げんいん》になります。

十九世紀中《せいきなか》ごろから終《お》わりにかけて、アメリカ合衆国《がっしゅうこく》は大《おお》きく発展《はってん》します。人口《じんこう》は

＊ むやみにつかまえること。

年《とし》ごとに増《ふ》えていき、リョコウバトはその食料《しょくりょう》になりました。アメリカ大陸《たいりく》の東部《とうぶ》と西部《せいぶ》をむすぶ鉄道《てつどう》が開通《かいつう》し、捕《と》らえられたリョコウバトは、鉄道《てつどう》で町《まち》へ大量《たいりょう》に送《おく》りこまれました。気《き》がつくと、ハトの数《かず》が激減《げきげん》していました。ハトの数《かず》がへったのに気《き》がついた各州《かくしゅう》では、リョコウバトを守《まも》る法案《ほうあん》がつくられました。しかし手《て》おくれでした。

一八九六年《ねん》、繁殖《はんしょく》のために飛《と》んできた群《む》れは、ハンターに見《み》つかりました。たったの五千《せん》羽《ば》が殺《ころ》され、四万羽《まんば》が傷《きず》つきました。アメリカ大陸《たいりく》のリョコウバトは、二十万《まん》羽《ば》となってしまいました。最後《さいご》の野生《やせい》のリョコウバトは、一九〇〇年《ねん》にオハイオ州《しゅう》で銃《じゅう》によって撃《う》ち落《お》とされました。その後《ご》、わずかな数《かず》が動物園《どうぶつえん》で飼育《しいく》されていました。

最後《さいご》のリョコウバトは、初代《しょだい》アメリカ大統領《だいとうりょう》の妻《つま》の名前《なまえ》をもらい「マーサ」と呼《よ》ばれました。マーサを見《み》ようと、多《おお》くの人《ひと》が動物園《どうぶつえん》をたずねました。しかし一九一四年《ねん》九月一日《がつついたち》、マーサは止《と》まり木《ぎ》から落《お》ちて死《し》んでしまいました。リョコウバトの絶滅《ぜつめつ》の日《ひ》でした。

最後《さいご》のリョコウバト、マーサの死体《したい》はワシントンのスミソニアン博物館《はくぶつかん》に送《おく》られ、はく製《せい》となりました。いまもその博物館《はくぶつかん》に飾《かざ》られています。

野生動物《やせいどうぶつ》の絶滅《ぜつめつ》は、どうして起《お》きるのでしょうか。

一つ目《め》は「乱獲《らんかく》」、むやみに捕《と》らえて殺《ころ》すことが原因《げんいん》です。トキは羽根《はね》をねらわれ、ニホンカワウソは毛皮《けがわ》のために乱獲《らんかく》されて、数《かず》をへらしました。現代《げんだい》ではもっと他《ほか》の原因《げんいん》で絶滅《ぜつめつ》が起《お》きています。

いま絶滅《ぜつめつ》が起《お》きる原因《げんいん》の一つは、生息地《せいそくち》の破壊《はかい》です。森《もり》や林《はやし》の木《き》を伐《き》り、湿地《しっち》や沼《ぬま》、海《うみ》を埋《う》めたてて、野鳥《やちょう》や野生生物《やせいせいぶつ》がすむ場所《ばしょ》をこわしてしまうことです。

二つ目《め》は、人間《にんげん》が使《つか》う農薬《のうやく》などの化学物質《かがくぶっしつ》のために野生生物《やせいせいぶつ》が死《し》んだり、弱《よわ》ってしまうことです。また、生活排水《せいかつはいすい》や工場排水《こうじょうはいすい》などで、川《かわ》や海《うみ》が汚《よご》されて野生生物《やせいせいぶつ》が生《い》きていけなくなることもあります。

三つ目《め》は、密猟《みつりょう》です。いまも世界中《せかいじゅう》で栃木県《とちぎけん》のオオタカのような、密猟《みつりょう》が起《お》きています。象牙《ぞうげ》を取《と》るために、アフリカゾウの密猟《みつりょう》がなくなりません。インドサイはその角《つの》を手《て》にいれようとする密猟者《みつりょうしゃ》のために絶滅《ぜつめつ》の危機《きき》におちいっています。

四つ目《め》は、他《ほか》の地域《ちいき》から＊外来種《がいらいしゅ》が持《も》ちこまれ、外来種《がいらいしゅ》に食《た》べられたり、すみかを取《と》られてしまったりして、滅《ほろ》びてしまうことです。このほかに、地球温暖化《ちきゅうおんだんか》、オゾン層《そう》の破壊《はかい》、酸性雨《さんせいう》が原因《げんいん》で野生生物《やせいせいぶつ》が滅《ほろ》びるということもあります。

何年《なんねん》も佐渡《さど》に通《かよ》っていて、わたしは日本《にほん》のトキの絶滅《ぜつめつ》に立《た》ち会《あ》うことになりました。

＊ 人《ひと》が外国《がいこく》から持《も》ちこんだ生物《せいぶつ》の種類《しゅるい》。

絶滅《ぜつめつ》という言葉《ことば》は、おそろしいひびきを持《も》っています。ひとつの生物《せいぶつ》が地球上《ちきゅうじょう》から永遠《えいえん》にいなくなるのです。どんなに高度《こうど》な科学技術《かがくぎじゅつ》を使《つか》っても、その種《しゅ》をよみがえらせることはできません。

大昔《おおむかし》は、絶滅《ぜつめつ》するといっても種《しゅ》の数《かず》の割合《わりあい》は小《ちい》さなものでした。恐竜《きょうりゅう》がいた二億年《おくねん》前《まえ》には、千年《せんねん》の間《あいだ》に一種《しゅ》の生物《せいぶつ》が滅《ほろ》びていました。しかし現代《げんだい》に近《ちか》づくと、とても早《はや》いスピードで絶滅《ぜつめつ》が起《お》きています。二百年《ひゃくねん》〜三百年前《びゃくねんまえ》には四年《ねん》に一種《しゅ》が滅《ほろ》び、百年前《ひゃくねんまえ》には一年《ねん》に一種《しゅ》が滅《ほろ》びるようになりました。そして一九七五（昭和《しょうわ》五十）年《ねん》には、一年間《ねんかん》で千種《せんしゅ》の生物《せいぶつ》が滅《ほろ》びたと報告《ほうこく》されています。

トラ、クロサイ、ジャイアントパンダ……世界《せかい》では、多《おお》くのさまざまな野生動物《やせいどうぶつ》が、絶滅《ぜつめつ》の危機《きき》に追《お》いこまれています。日本《にほん》だけでなく、広《ひろ》く地球上《ちきゅうじょう》の野鳥《やちょう》や野生動物《やせいどうぶつ》についても、みんなが関心《かんしん》を持《も》たなければならないと思《おも》います。

キンが亡《な》くなる四年前《ねんまえ》の一九九九（平成《へいせい》十一）年《ねん》一月《がつ》、トキにとって大《おお》きなできごとがありました。中国政府《ちゅうごくせいふ》が、若《わか》いトキのつがい、友友《ヨウヨウ》と洋洋《ヤンヤン》を日本《にほん》に贈《おく》ってくれたのです。その春《はる》、友友《ヨウヨウ》は四この卵《たまご》を生《う》み、その一こからひながかえりました。そのつぎの年《とし》、さらにつぎの年《とし》も、ひながかえったのです。

二〇〇〇（平成《へいせい》十二）年《ねん》は二羽《わ》、二〇〇一（平成《へいせい》十三）年《ねん》は十一羽《わ》、二〇〇二（平成《へいせい》十四）年《ねん》は十四羽《わ》、二〇〇三（平成《へいせい》十五）年《ねん》は十九羽《わ》のひなが生《う》まれました。トキ保護《ほご》センターで、トキの数《かず》は年《とし》ごとにふえていきます。それをふまえて環境省《かんきょうしょう》は、トキ野生復帰《やせいふっき》ステーションをつくりました。飼育《しいく》したトキが自然《しぜん》の中《なか》に出《で》ても、ちゃんと生《い》きていけるように訓練《くんれん》する施設《しせつ》です。そこで訓練《くんれん》された若《わか》いトキが、十羽《わ》えらばれました。そして二〇〇八（平成《へいせい》二十）年《ねん》

1999年《ねん》4月《がつ》、中国《ちゅうごく》から贈《おく》られたトキのつがいが産卵《さんらん》して、ひなが生《う》まれた。その後《ご》つぎつぎにひなが生《う》まれ、トキの数《かず》はふえていった。

九月《がつ》、その十羽《わ》を佐渡《さど》の自然《しぜん》の中《なか》に放鳥《ほうちょう》しました。放鳥《ほうちょう》はその後《ご》もつづけられていま す。日本海《にほんかい》を飛《と》びこえ、本州《ほんしゅう》に行《い》って暮《く》らしているトキもいます。今《いま》では、佐渡《さど》の自然《しぜん》の中《なか》で巣《す》をつくり、ひながかえるまでになりました。

二〇一六（平成《へいせい》二十八）年《ねん》四月《がつ》二十一日、佐渡島《さどがしま》で三月《がつ》から抱卵《ほうらん》していた、野生《やせい》で誕生《たんじょう》したトキ同士《どうし》のペアに、ひなが生《う》まれました。野生《やせい》で誕生《たんじょう》したトキ同士《どうし》のペアからひなが生《う》まれたのは、一九七六（昭和《しょうわ》五十一）年以来《ねんいらい》四十年《ねん》ぶりのことです。

二〇一六（平成《へいせい》二十八）年《ねん》五月現在《がつげんざい》、放鳥《ほうちょう》されて自然《しぜん》の中《なか》で生活《せいかつ》しているトキは、百《ひゃく》四十八羽《わ》です。トキ保護《ほご》センター、多摩動物園《たまどうぶつえん》など、飼育《しいく》されているトキは、二百《ひゃく》十七羽《わ》です。一九九七（平成《へいせい》九）年《ねん》たった一羽《わ》だった日本《にほん》のトキは、十九年《ねん》たってこんなに数《かず》をふやしました。

10　道具《どうぐ》を使《つか》う鳥《とり》・ササゴイ

「私《わたし》たちの自然《しぜん》」の連載《れんさい》は、一九八四（昭和《しょうわ》五十九）年《ねん》十二月号《がつごう》の四十八回《かい》で終《お》わりました。最後《さいご》の号《ごう》は、東京都目黒区《とうきょうとめぐろく》の自然教育園《しぜんきょういくえん》をたずねた記事《きじ》です。

千葉《ちば》の干潟《ひがた》を守《まも》る会《かい》では、未来《みらい》の子《こ》どもたちのために谷津干潟をのこしたい、と活動《かつどう》をつづけてきました。その干潟《ひがた》は、保護区《ほごく》としてのこることが確《たし》かになりました。

そんな一九八四（昭和《しょうわ》五十九）年春《ねんはる》のある日《ひ》のことです。谷津干潟《やつひがた》に行《い》って望遠鏡《ぼうえんきょう》をのぞいていると、船橋市《ふなばしし》にすむ坂梨輝男《さかなしてるお》さんがやってきました。坂梨《さかなし》さんは日本航空《にほんこうくう》につとめていて、飛行機《ひこうき》の整備《せいび》の仕事《しごと》をしている人《ひと》です。野鳥観察《やちょうかんさつ》が好《す》きで、干潟《ひがた》でよく会《あ》いました。鳥《とり》の写真《しゃしん》を熱心《ねっしん》に撮《と》っていて、自分《じぶん》の写真《しゃしん》を持《も》ってきて、見《み》せてくれることもありました。

その坂梨《さかなし》さんが、とてもうれしそうにいいました。

「国松《くにまつ》さん、熊本《くまもと》で、面白《おもしろ》い鳥《とり》を見《み》つけたよ」

聞《き》くと、熊本市《くまもとし》の水前寺公園《すいぜんじこうえん》の池《いけ》に、ユニークなササゴイがいたのでした。わたしはササゴイを観察《かんさつ》したことがあります。サギのなかまで、川《かわ》や池《いけ》などによくいる鳥《とり》です。岩《いわ》の上《うえ》などでじっと待《ま》ちぶせをして、やってきた魚《さかな》をつかまえて食《た》べます。けれどユニークな鳥《とり》、面白《おもしろ》い鳥《とり》というイメージはありませんでした。

「水前寺公園《すいぜんじこうえん》のササゴイが、じつにすごいことをやっていた」

ササゴイは何《なに》をしていたのでしょう。

坂梨《さかなし》さんは、前年《ぜんねん》の夏《なつ》に実家《じっか》のある熊本《くまもと》へ帰省《きせい》しました。その時《とき》に水前寺公園《すいぜんじこうえん》で、ササゴイのびっくりするような行動《こうどう》を見《み》つけたのです。

水前寺公園《すいぜんじこうえん》は、江戸時代《えどじだい》のはじめに*1肥後藩主《ひごはんしゅ》の細川忠利《ほそかわただとし》がつくった庭園《ていえん》です。わき水《みず》の池《いけ》を中心《ちゅうしん》にして、芝《しば》の山《やま》、竹《たけ》やぶ、林《はやし》などがあります。湧《わ》き水《みず》の池《いけ》はすみきっており、コイ、ウグイ、オイカワなどの魚《さかな》が泳《およ》いでいます。岸《きし》からエサをなげると、魚《さかな》が集《あつ》まってきます。公園《こうえん》には、カワセミ、コサギ、ゴイサギ、ササゴイ、キジバト、モズなどの野鳥《やちょう》がいました。

坂梨《さかなし》さんは、池《いけ》の岸《きし》で魚《さかな》をねらっているササゴイを見《み》つけました。写真《しゃしん》を撮《と》ろうと思《おも》って注意《ちゅうい》していると、その鳥《とり》がおかしな行動《こうどう》をしているのに気《き》がつきました。足《あし》もとから木《き》の枝《えだ》を、くちばしでひろい上《あ》げました。木《き》の枝《えだ》を水《みず》の上《うえ》に浮《う》かべると、首《くび》を縮《ちぢ》めてかまえたのです。

「あの鳥《とり》、なにをやっているのだろう？」

そんな動作《どうさ》を見《み》るのははじめてです。気《き》をつけて観察《かんさつ》していました。水《みず》の上《うえ》の木《き》の枝《えだ》は流《なが》れていきました。ササゴイは、こんどは羽毛《うもう》らしきものをひろい上《あ》げて、また水《みず》の上《うえ》におきました。羽毛《うもう》をおくと、体《からだ》を低《ひく》くして水面《すいめん》をにらみました。

おいたとたん、首《くび》がさっとのびて、くちばしが水《みず》の中《なか》につきささりました。

バシャン！　魚《さかな》をつかまえました。体《からだ》をおこしたササゴイのくちばしは、オイカワがはねていました。

「すごい、オイカワをつかまえた」

ササゴイのおかしな動作《どうさ》は、池《いけ》の魚《さかな》を自分《じぶん》の近《ちか》くに引《ひ》きよせる行動《こうどう》でした。ササゴイは、*2疑似餌《ぎじえ》を使《つか》った漁《りょう》、魚釣《さかなつ》りのようなことをやっていたのでした。

「なんと頭《あたま》のいいササゴイだ」

おどろきました。サギのなかまの鳥《とり》がそんな行動《こうどう》をするのは、聞《き》いたことがありません。坂梨《さかなし》さんの体《からだ》が、熱《あつ》くなってきました。興奮《こうふん》しているのがわかりました。

ササゴイは魚《さかな》をゆっくりのみこみ、そのあと水《みず》をのみました。そして、むこうの林《はやし》

＊1　現在《げんざい》の熊本県《くまもとけん》。　＊2　本物《ほんもの》によく似《に》たにせもののエサ。

ササゴイの疑似餌漁《ルアーフィッシング》

① 疑似餌《ぎじえ》をくわえ、
泳《およ》いでくる魚《さかな》をねらう

② くわえた疑似餌《ぎじえ》を、
そっと水面《すいめん》におく

③ 魚《さかな》が疑似餌《ぎじえ》に飛《と》びつく
瞬間《しゅんかん》を待《ま》つ

④ 首《くび》をすばやくのばし、
魚《さかな》をつかまえた

へ飛《と》んでいったのです。坂梨《さかなし》さんはしばらくのあいだ、ぼーっとしていました。

水前寺公園《すいぜんじこうえん》のササゴイは、道具《どうぐ》を使《つか》って魚《さかな》をつかまえていました。熊本《くまもと》の公園《こうえん》でササゴイがそんな行動《こうどう》をしているのを、だれも観察《かんさつ》していません。すごい発見《はっけん》でした。話《はなし》を聞《き》かせてもらううちに、こっちもどきどきしてきました。

「ササゴイが疑似餌《ぎじえ》を使《つか》ったのは、その時《とき》だけなの？」

「そのあと、夏《なつ》の終《お》わりに行《い》った時《とき》もササゴイはやっていた。それで、今年《ことし》もやるかどうか、ほかのササゴイもやっているのか、調《しら》べるつもりだ」

坂梨《さかなし》さんは、今年《ことし》の春《はる》も熊本《くまもと》にでかけるといいました。鳥類学者《ちょうるいがくしゃ》がいっしょに行《い》って、ササゴイの観察《かんさつ》をしてくれることになったとも話《はな》してくれました。

なんと面白《おもしろ》い話《はなし》だろう。水前寺公園《すいぜんじこうえん》でぜひササゴイを観察《かんさつ》したいと思《おも》いました。

道具《どうぐ》を使《つか》う動物《どうぶつ》といえば、すぐにチンパンジーが思《おも》いつきます。

多摩動物園《たまどうぶつえん》のチンパンジーは、棒《ぼう》や木《き》の枝《えだ》などを使《つか》って、エサをとる行動《こうどう》をいつもやっていると聞《き》きました。チンパンジーが生活《せいかつ》しているところには、人工《じんこう》アリ塚《づか》があります。チンパンジーはアリ塚《づか》の穴《あな》に木《き》の枝《えだ》をさしこみ、塚《つか》の中《なか》にある皿《さら》のジュースを枝《えだ》につけてなめるのです。また、太《ふと》い木《き》の中《なか》に仕込《しこ》んであるピーナッツを、木《き》の枝《えだ》をさしこみ押《お》しだしてとります。硬《かた》い木《き》の実《み》を手《て》にした時《とき》は、ハンマーになるものを探《さが》してきて、木《き》の実《み》をたたいて食《た》べられるようにします。

これは飼育《しいく》されている動物園《どうぶつえん》のチンパンジーですが、アフリカの野生《やせい》チンパンジーも、道具《どうぐ》を使《つか》います。シロアリの塚《つか》で、細《ほそ》い葉《は》や茎《くき》を塚《つか》にさし入《い》れてかみついてきたシロアリをつかまえて食《た》べるのです。棒《ぼう》でシロアリの塚《つか》を掘《ほ》りくずし、出《で》てきたシロアリを食《た》べるという行動《こうどう》もするといいます。

では鳥《とり》はどうでしょうか。

世界中《せかいじゅう》に野鳥《やちょう》は約《やく》九千種《せんしゅ》いるといわれます。その中《なか》で、道具《どうぐ》を使《つか》ってエサをとる鳥《とり》は、ほんのわずかです。ガラパゴス島《とう》にいるキツツキフィンチ。この鳥《とり》は樹皮《じゅひ》のあいだの虫《むし》を、サボテンのとげや細《ほそ》い木《き》の枝《えだ》を使《つか》って追《お》いだし、でてきたところをつかまえます。アフリカにいるエジプトハゲワシも、ダチョウの卵《たまご》を食《た》べるのに石《いし》を使《つか》います。卵《たまご》の殻《から》は硬《かた》いので、くちばしでくわえた石《いし》を卵《たまご》に投《な》げたり、打《う》ちつけたりします。

オーストラリアゴジュウカラは、木《き》の小片《しょうへん》をくわえて虫《むし》のいる穴《あな》にさしこみ、追《お》いだした幼虫《ようちゅう》を食《た》べるのです。アメリカ合衆国《がっしゅうこく》・マイアミにいるアメリカササゴイが、熊本《くまもと》のササゴイとおなじような行動《こうどう》をしていることも報告《ほうこく》されていました。

どれも外国《がいこく》で観察《かんさつ》された行動《こうどう》です。坂梨《さかなし》さんが水前寺公園《すいぜんじこうえん》のササゴイの行動《こうどう》を見《み》つけたのは、じつに貴重《きちょう》な発見《はっけん》でした。

そして一九八五（昭和《しょうわ》六十）年《ねん》の夏《なつ》、わたしは水前寺公園《すいぜんじこうえん》に行《い》って、ササゴイの行《こう》動《どう》を観察《かんさつ》することができました。ササゴイは、本当《ほんとう》に疑似餌《ぎじえ》の釣《つ》り、ルアーフィッシングをやっていました。

池《いけ》にはりだした木《き》の枝《えだ》から、首《くび》をのばして水中《すいちゅう》の魚《さかな》をねらう。ササゴイはえさを水面《すいめん》に落《お》とすと、すぐにダイビングして魚《さかな》をつかまえる。

はじめて見《み》たササゴイは、水《みず》から少《すこ》し出《で》た岩《いわ》の上《うえ》で魚《さかな》をねらっていました。ササゴイは、水面《すいめん》に浮《う》いていた木《き》の実《み》をひろい、くわえました。水中《すいちゅう》の魚《さかな》の動《うご》きをうかがっています。そしてねらいをさだめると、木《き》の実《み》をピュッと飛《と》ばしました。

木《き》の実《み》が水《みず》に落《お》ちると、魚《さかな》が集《あつ》まってきます。ササゴイは間《ま》をおかず、池《いけ》に飛《と》びこみました。上《あ》がってきたササゴイは、みごとにオイカワをくわえていました。

別《べつ》の場所《ばしょ》では、池《いけ》につきだした太《ふと》い木《き》の枝《えだ》にとまり、首《くび》をのばして下《した》の水面《すいめん》をにらんでいるササゴイを見《み》つけました。水面《すいめん》から一メートル少《すこ》しあります。下《した》に魚《さかな》が泳《およ》いでくると、ササゴイはくわえた木《こ》の葉《は》を水面《すいめん》に落《お》としたのです。つぎの瞬間《しゅんかん》、ササゴイは木《き》の枝《えだ》から池《いけ》にジャンプをして、上手《じょうず》に魚《さかな》をとらえていました。

坂梨《さかなし》さんは、ササゴイのルアーフィッシングの方法《ほうほう》が大《おお》きく分《わ》けて三つあると、説《せつ》明《めい》してくれました。一つ目《め》は、岸《きし》の岩《いわ》から首《くび》をのばし、水面《すいめん》に疑似餌《ぎじえ》をそっとおいて、魚《さかな》をつかまえるやり方《かた》。二つ目《め》は、疑似餌《ぎじえ》を水面《すいめん》におくのではなく、一メートルほど先《さき》に飛《と》ばす方法《ほうほう》です。エサが水面《すいめん》に落《お》ちるとすぐに飛《と》びこみ、魚《さかな》をとらえます。三つ目《め》は、水面《すいめん》にはりだした木《き》の枝《えだ》から疑似餌《ぎじえ》を落《お》として、魚《さかな》をとらえるやり方《かた》です。

ササゴイは、水面《すいめん》においた疑似餌《ぎじえ》が流《なが》れた時《とき》は、ひろい上《あ》げて上流《じょうりゅう》におきなおすということもやっていました。そして、いくらエサをまいても魚《さかな》がこない時《とき》は、使《つか》っていたエサをくわえて場所《ばしょ》を移動《いどう》しました。移動《いどう》した場所《ばしょ》で、前《まえ》のエサを使《つか》うということもやりました。

ササゴイが使《つか》う疑似餌《ぎじえ》は、木《こ》の葉《は》、木《き》の枝《えだ》、木《き》の実《み》、木《き》の皮《かわ》、鳥《とり》の羽《はね》、コケ、発泡《はっぽう》スチロールなどでした。生《い》きたエサも使《つか》いました。ハエ、トンボ、セミ、クモ、アリなどです。どれも、ササゴイがすぐに手《て》に入《い》れられるものでした。

水前寺公園《すいぜんじこうえん》には、約《やく》五十羽《わ》のササゴイが生活《せいかつ》していました。その中《なか》で、ルアーフィッシングをしているササゴイは、一羽《わ》だけなのでしょうか。ほかの鳥《とり》もやっているのでしょうか。坂梨《さかなし》さんが調《しら》べたところでは、三羽《わ》がルアーフィッシングをしているとわかりました。公園《こうえん》の三羽《わ》は、池《いけ》を三つに分《わ》けていて、それぞれなわばりでルアーフィッシングをやっていました。

とても楽《たの》しい、充実《じゅうじつ》した二日間《かかん》でした。ササゴイの行動《こうどう》を観察《かんさつ》して、鳥《とり》を見直《みなお》しました。これまでは、鳥《とり》の形《かたち》、くちばしの形《かたち》のちがい、羽根《はね》の色《いろ》の美《うつく》しさ、鳴《な》き声《ごえ》などに注意《ちゅうい》して見《み》ていました。けれど水前寺公園《すいぜんじこうえん》にきて、生《い》き物《もの》たちが工夫《くふう》して生活《せいかつ》していること、生《い》き物《もの》と生《い》き物《もの》がしっかりつながっていることなどに気《き》がつきました。自《じ》然《ぜん》や生《い》き物《もの》を観察《かんさつ》するのは面白《おもしろ》いなあ、とあらためてさとったのでした。

ササゴイの観察《かんさつ》のため熊本《くまもと》に通《かよ》っていた一九八〇年代《ねんだい》のおわりごろ。東京湾《とうきょうわん》の自然《しぜん》保護《ほご》でも大《おお》きな動《うご》きがありました。

千葉《ちば》の干潟《ひがた》を守《まも》る会《かい》が保護《ほご》に力《ちから》をそそいできた谷津干潟《やつひがた》が、保護区《ほごく》になったのです。一九八八（昭和《しょうわ》六十三）年《ねん》十一月《がつ》、環境庁《かんきょうちょう》は谷津干潟《やつひがた》を国設鳥獣保護区《こくせつちょうじゅうほごく》に設定《せってい》しました。なかなか知《し》らせがとどいて、涙《なみだ》が出《で》そうになりました。東京湾《とうきょうわん》の干潟《ひがた》をぜんぶ埋《う》めたててしまうという千葉県《ちばけん》の無謀《むぼう》な計画《けいかく》に、干潟《ひがた》を守《まも》る会《かい》は懸命《けんめい》に反対《はんたい》していました。けれど、大《おお》きなゾウに小《ちい》さなネズミが戦《たたか》いをいどんでいるようで、ぜんぜん歯《は》がたちませんでした。そんな時《とき》、「大蔵省水面《おおくらしょうすいめん》」の埋《う》めたてが後《あと》まわしになることがわかりました。会《かい》では谷津干潟《やつひがた》に焦点《しょうてん》をしぼり、そこを残《のこ》すために全力《ぜんりょく》で活動《かつどう》をはじめたのでした。

けれど、地元《じもと》の習志野市《ならしのし》はそこを埋《う》めたてよう、と強《つよ》く考《かんが》えていました。千葉県《ちばけん》もおなじで、わたしたちの運動《うんどう》は進《すす》むと壁《かべ》につきあたりました。しかし、環境庁《かんきょうちょう》や国会《こっかい》議員《ぎいん》の人《ひと》たちの中《なか》に、谷津干潟《やつひがた》を鳥獣保護区《ちょうじゅうほごく》にしてのこそうと考《かんが》える人《ひと》があらわれました。それから局面《きょくめん》が変《か》わっていったのです。その結果《けっか》が、一九八八（昭和《しょうわ》六十三）

年《ねん》の鳥獣《ちょうじゅう》保護区《ほごく》の指定《してい》となりました。

それから五年後《ねんご》の一九九三（平成《へいせい》五）年《ねん》に、谷津干潟《やつひがた》はラムサール条約《じょうやく》の登録地《とうろくち》にもなりました。ラムサール条約《じょうやく》の登録地《とうろくち》とは、水鳥《みずとり》の生息地《せいそくち》として国際的《こくさいてき》に重要《じゅうよう》な湿《しっ》地《ち》として、世界《せかい》の各国《かっこく》で大切《たいせつ》に守《まも》っていくことを決《き》められた場所《ばしょ》です。

日本《にほん》では、釧路湿原《くしろしつげん》（北海道《ほっかいどう》）、ウトナイ湖《こ》（北海道《ほっかいどう》）、伊豆沼《いずぬま》・内沼《うちぬま》（宮城県《みやぎけん》）、琵《び》琶湖《わこ》（滋賀県《しがけん》）、中海《なかうみ》（島根県《しまねけん》と鳥取県《とっとりけん》にまたがる）などが登録地《とうろくち》となっています。

野鳥観察《やちょうかんさつ》をはじめた干潟《ひがた》が鳥獣《ちょうじゅう》保護区《ほごく》としてのこり、ラムサール条約《じょうやく》の登録地《とうろくち》となりました。こどもつうしん「シロチドリ」の発行《はっこう》も、ほんの少《すこ》しですが干潟《ひがた》をのこす運動《うんどう》に役立《やくだ》ったと思《おも》われます。うれしいことでした。

11　カラスは太陽《たいよう》の鳥《とり》だった

これまで、わたしが出会《であ》ったいくつかの鳥《とり》について書《か》いてきました。会社員《かいしゃいん》をやめるきっかけになった鳥《とり》、小《ちい》さな体《からだ》で一万《まん》キロの旅《たび》をする鳥《とり》、かつて鷹狩《たかが》りで活躍《かつやく》した鳥《とり》、知能《ちのう》を働《はたら》かせたくましく生《い》きている鳥《とり》、いろいろいます。けれどわたしが出会《であ》った多《おお》くの鳥《とり》の中《なか》で、いちばん面白《おもしろ》く、いちばん個性《こせい》があり、いちばん魅力《みりょく》がある鳥《とり》といえば「カラス」でしょう。

だいぶ前《まえ》からカラスは都会《とかい》の悪者《わるもの》だといわれ、人《ひと》びとにきらわれています。小学校《しょうがっこう》の教室《きょうしつ》に行《い》く機会《きかい》があると、子《こ》どもたちに「カラスについてどう思《おも》う？」とたずねます。すると、「生《なま》ゴミを食《く》いちらかす悪《わる》い鳥《とり》」、「体《からだ》が大《おお》きく、まっ黒《くろ》でこわい」、「鳴《な》き声《ごえ》が気持《きも》ち悪《わる》い」、「ネコの子《こ》どもをおそうし、ツバメのひなをさらうのでとても残酷《ざんこく》」といった答《こた》えがかえってきました。カラスをきらい、いやがる答《こた》えばかりでした。十五年前《ねんまえ》もいまも、それは変《か》わりません。

一九五五（昭和《しょうわ》三十）年《ねん》に東京都内《とうきょうとない》にいたカラスは、約《やく》三千羽《ぜんば》でした。それが一九七〇年代《ねんだい》からふえて、一九九〇（平成《へいせい》二）年《ねん》には一万羽《まんば》、一九九六（平成《へいせい》八）年《ねん》には二万羽《まんば》にもふえました。東京《とうきょう》には安心《あんしん》して眠《ねむ》れる大《おお》きなねぐらがあり、レストランや食堂《しょくどう》、家庭《かてい》が残飯《ざんぱん》をたくさん生《なま》ゴミとして出《だ》してくれたからでした。

カラスがふえてのびのび暮《く》らすようになると、人間《にんげん》にいろいろ迷惑《めいわく》をかけるようになりました。東京都《とうきょうと》には、カラスの苦情《くじょう》が寄《よ》せられるようになりました。一九八七（昭和《しょうわ》六十二）年《ねん》は五十六件《けん》だった苦情《くじょう》は、二〇〇一（平成《へいせい》十三）年《ねん》は三千《ぜん》八十四件《けん》にもなりました。内容《ないよう》は、「歩《ある》いていて襲《おそ》われた」「ゴミを荒《あ》らされた」「鳴《な》き声《ごえ》がうるさい」「ネコの赤《あか》ちゃんをさらわれた」……といったものです。カラスは悪《わる》いやつ、カラスはこわいという、そのころの印象《いんしょう》がいまも人《ひと》びとの中《なか》に強《つよ》く残《のこ》っているように思《おも》います。

でも、カラスはそんなに悪《わる》い鳥《とり》でしょうか、こわい鳥《とり》でしょうか。決《けっ》して、そんなことはありません。

東京都内《とうきょうとない》にカラスの数《かず》が増《ふ》えたのは、一九九〇年《ねん》ころです。「私《わたし》たちの自然《しぜん》」にも、日本野鳥《にほんやちょう》の会《かい》の機関誌《きかんし》「野鳥《やちょう》」にも、カラスの記事《きじ》が多《おお》くなっていました。それらの記事《きじ》を読《よ》んで、カラスという鳥《とり》に強《つよ》い興味《きょうみ》を持《も》つようになりました。

前《まえ》にも登場《とうじょう》してもらった松田道生《まつだみちお》さんは、文京区《ぶんきょうく》の六義園《りくぎえん》でカラスの調査《ちょうさ》と研究《けんきゅう》をしています。松田《まつだ》さんからカラスのことを、いろいろ聞《き》いていました。そんなこともあって、カラスの世界《せかい》にどんどん入《はい》っていったのです。

・道具《どうぐ》もつくるカレドニアガラス

カラスはとても賢《かしこ》い鳥《とり》です。前《まえ》の章《しょう》で書《か》いたササゴイより、ずっと頭《あたま》のよいカラスが外国《がいこく》にいました。南半球《みなみはんきゅう》の島《しま》にいるカレドニアガラスです。

カレドニアガラスが生息《せいそく》しているのは、南半球《みなみはんきゅう》、オーストラリアの東《ひがし》にあるニューカレドニア諸島《しょとう》の森《もり》です。そのカラスは、エサをとる道具《どうぐ》を自分《じぶん》でつくり、それを上手《じょうず》に使《つか》って、虫《むし》や小動物《しょうどうぶつ》をつかまえていました。その発見《はっけん》をし、研究《けんきゅう》したのはニュージーランドの大学《だいがく》の先生《せんせい》、ギャビン・ハント博士《はかせ》です。

カレドニアガラスは、倒木《とうぼく》の中《なか》にいるカミキリムシの幼虫《ようちゅう》をつかまえるのに、ククイノキの枝《えだ》を加工《かこう》した棒《ぼう》を使《つか》っていました。まず、倒木《とうぼく》のどこにカミキリムシの幼虫《ようちゅう》がひそんでいるか、をさぐります。幼虫《ようちゅう》のたてる音《おと》を聞《き》いて場所《ばしょ》がわかると、くちばしで倒木《とうぼく》に穴《あな》を開《あ》けます。それから虫《むし》をつかまえます。ククイノキの棒《ぼう》を穴《あな》から下《した》にさしこみ、棒《ぼう》の先《さき》で幼虫《ようちゅう》のアゴをつつきます。おこった幼虫《ようちゅう》が棒《ぼう》にかみつくと、そろそろと棒《ぼう》を引《ひ》き上《あ》げ、幼虫《ようちゅう》を釣《つ》り上《あ》げてしまうのです。

また、するどいトゲのある植物《しょくぶつ》、パンダヌスの葉《は》でも道具《どうぐ》をつくります。十四センチから三十センチメートルの細長《ほそなが》い道具《どうぐ》です。それを木《こ》の葉《は》と葉《は》のあいだにさしこみ、すきまにかくれているナメクジを葉《は》のトゲで引《ひ》っかけて、捕《とら》えます。この時《とき》、葉《は》のトゲが上向《うわむ》きになるよう、ちゃんとくわえます。

カレドニアガラスの研究《けんきゅう》では、棒《ぼう》の先《さき》にえものを引《ひ》っかけるフックがついた道具《どうぐ》も発見《はっけん》されました。カラスは小枝《こえだ》を取《と》ってくる時《とき》、わざと

カレドニアガラス

枝分《えだわ》かれしたものを持《も》ってきます。枝分《えだわ》かれした部分《ぶぶん》を、くちばしで加工《かこう》してフックをつくります。すると釣《つ》り針《ばり》のような形《かたち》になり、えものをうまく引《ひ》っかけて、釣《つ》り上《あ》げられるのです。

ニューカレドニア諸島《しょとう》の森《もり》では、おもに葉《は》を道具《どうぐ》として使《つか》うカラス、枝《えだ》を道具《どうぐ》として使《つか》うカラス、ふたつのグループに分《わ》かれていました。どちらも親《おや》から子《こ》へ受《う》けつがれてきて、道具《どうぐ》も進化《しんか》してきました。カレドニアガラスが道具《どうぐ》をつくる能力《のうりょく》、道具《どうぐ》をあつかう能力《のうりょく》、それらは、石器時代《せっきじだい》の人間《にんげん》とおなじ程度《ていど》だといいます。すばらしい能《のう》力《りょく》です。

現代《げんだい》の日本《にほん》や世界《せかい》のカラスのことがわかってくると、昔《むかし》の日本人《にほんじん》はカラスについてどう思《おも》っていたのか、知《し》りたくなり、調《しら》べてみました。

昔《むかし》の人《ひと》の言《い》いつたえや、ならわしについて書《か》いた本《ほん》を読《よ》んで、昔《むかし》の人《ひと》たちがカラスを、不吉《ふきつ》な鳥《とり》、縁起《えんぎ》が悪《わる》い鳥《とり》、と思《おも》っているのがわかりました。カラスはふつうの鳥《とり》ではなく、あの世《よ》から飛《と》んでくる鳥《とり》で、縁起《えんぎ》が悪《わる》く、おそろしい鳥《とり》だと思《おも》っていたのです。とくに、カラスの鳴《な》き声《ごえ》をこわがっていました。

「カラスが鳴《な》くと人《ひと》が死《し》ぬ」は、日本中《にほんじゅう》にあったいい伝《つた》えです。「夜《よる》にカラスが鳴《な》くと凶事《きょうじ》（悪《わる》いこと）がおきる」など、夜《よる》にカラスが鳴《な》くのをこわがっていました。

昔《むかし》の人《ひと》にもカラスは、その鳴《な》き声《ごえ》、すがたや体《からだ》の色《いろ》からいやがられ、きらわれていました。しかしその一方《いっぽう》、カラスの紫色《むらさきいろ》に光《ひか》る黒《くろ》い羽《はね》、するどい眼《め》、ぶきみな鳴《な》き声《ごえ》などは、ほかの動物《どうぶつ》にはないもので、ふしぎな力《ちから》、あやしい力《ちから》を持《も》つように思《おも》えます。そのため、大昔《おおむかし》から神《かみ》さまの心《こころ》を人間《にんげん》に伝《つた》える「霊鳥《れいちょう》」だと考《かんが》えられていたのです。

昔《むかし》の人《ひと》も、カラスの知恵《ちえ》におどろいたり、カラスに先《さき》まわりされることが、多《おお》くあったのでしょう。そこからカラスを、人間《にんげん》がおよばない能力《のうりょく》を持《も》つ鳥《とり》としておそれ、敬《うやま》うようになったのです。そしてカラスは、人《ひと》の死《し》や、火事《かじ》、地震《じしん》などを予知《よち》するふしぎな力《ちから》を持《も》つと信《しん》じたのでした。

「カラスは三年《ねん》より前《まえ》に、不吉《ふきつ》なことが起《お》きるのを知《し》っている」という言《い》いつたえがあります。千葉《ちば》では「カラスは三日《か》より前《まえ》、百日《ひゃくにち》より前《まえ》から先《さき》のことを知《し》る」といいました。

昔《むかし》の人《ひと》はカラスを、縁起《えんぎ》が悪《わる》い鳥《とり》、不吉《ふきつ》な鳥《とり》としてきらいながら、一方《いっぽう》で、人間《にんげん》のおよばない能力《のうりょく》を持《も》ったふしぎな生《い》き物《もの》として、恐《おそ》れ、うやまっていたのでした。

室町時代《むろまちじだい》の後期《こうき》（今《いま》から五百年《ひゃくねん》ほど前《まえ》）に書《か》かれた本《ほん》『日吉山王利生記《ひえさんのうりしょうき》』には、ふしぎな力《ちから》を持《も》つカラスの話《はなし》がのっています。

――九世紀《せいき》の終《お》わりころの話《はなし》である。*日吉大社《ひよしたいしゃ》の僧《そう》、宗叡《しゅうえい》が北陸地方《ほくりくちほう》にある白山《はくさん》にむかって出発《しゅっぱつ》した。すると、日吉大社《ひよしたいしゃ》の方《ほう》からカラスが飛《と》んできて、宗叡《しゅうえい》のすこし先《さき》を飛《と》んで道案内《みちあんない》をしてくれた。日《ひ》がくれてまわりが暗《くら》くなると、カラスの体《からだ》はまっ白《しろ》になった。それでカラスがはっきりと見《み》え、道《みち》を見失《みうしな》うことはなかった。夜《よる》が明《あ》けると、カラスはまた黒《くろ》い体《からだ》にもどった。

宗叡《しゅうえい》の白山《はくさん》での仕事《しごと》が終《お》わった。帰《かえ》ろうとすると、またカラスがあらわれて道《みち》を案内《あんない》してくれた。そして日吉大社《ひよしたいしゃ》が近《ちか》づいてきて、宗叡《しゅうえい》がよくしっているところまでくると、カラスはどこかへ飛《と》んでいってしまった。

むかし、福井地方《ふくいちほう》では「カラスは神《かみ》さまのお使《つか》いだから殺《ころ》さない」といい、沖縄本《おきなわほん》島《とう》でも、「カラスは神《かみ》のお使《つか》い」といいました。

さらに調《しら》べていくと、カラスを神《かみ》さまの使《つか》いとしている神社《じんじゃ》が、ほかにも全国《ぜんこく》に多《おお》くあるのがわかりました。有名《ゆうめい》な神社《じんじゃ》を上《あ》げると、広島県《ひろしまけん》の厳島神社《いつくしまじんじゃ》、愛知県《あいちけん》の熱田《あつた》神宮《じんぐう》、滋賀県《しがけん》の多賀大社《たがたいしゃ》、京都府《きょうとふ》の上賀茂神社《かみがもじんじゃ》、和歌山県《わかやまけん》の熊野神社《くまのじんじゃ》、東京都《とうきょうと》の大國《おおくに》魂神社《たまじんじゃ》などです。

厳島神社《いつくしまじんじゃ》では四百年《ひゃくねん》も前《まえ》から、「御烏喰《おとぐ》い」という神事《しんじ》がおこなわれていました。その神事《しんじ》は、神官《しんかん》と参拝者《さんぱいしゃ》が島《しま》のまわりを二そうの船《ふね》でまわり、とちゅうの海《うみ》で、カラスにダンゴを食《た》べてもらいます。早朝《そうちょう》、三笠浜《みかさはま》を出発《しゅっぱつ》した船《ふね》は、島《しま》をまわっていきます。養父崎神社《やぶさきじんじゃ》の海《うみ》にくると、ワラで四角《しかく》に編《あ》んだ敷物《しきもの》をうかべ、そこにダンゴを供《そな》えます。神官《しんかん》が笛《ふえ》をふき、「ロオー、ロオー」と山《やま》にむかってさけぶと、森《もり》から二羽《わ》のカラスが飛《と》んできて、ダンゴを食《た》べるのです。神事《しんじ》は、織田信長《おだのぶなが》が本能寺《ほんのうじ》でおそわれた一五八二（天正十《てんしょう》）年《ねん》にはじまりました。

愛知県名古屋市《あいちけんなごやし》の熱田神宮《あつたじんぐう》にある御田神社《みたじんじゃ》では、神官《しんかん》が「ホーホー」と声《こえ》をあげてカラスを呼《よ》び、お供《そな》えのモチをカラスに食《た》べてもらいます。滋賀県《しがけん》の多賀大社《たがたいしゃ》では、本殿《ほんでん》の庭《にわ》にもうけた台《だい》にコメを供《そな》え、神《かみ》の使《つか》いであるカラスに食《た》べてもらいます。ほかの神社《じんじゃ》でも、カラスにモチやコメを食《た》べてもらう神事《しんじ》がおこなわれていました。

東京都府中市《とうきょうとふちゅうし》の大國魂神社《おおくにたまじんじゃ》では、毎年《まいとし》七月《がつ》におこなわれるすもも祭《まつ》りで、「カラスうちわ」を参拝者《さんぱいしゃ》にわけてくれます。うちわには、飛《と》ぶカラスが描《えが》かれています。こ

＊ 滋賀県大津市《しがけんおおつし》にある神社《じんじゃ》。

れであおぐと、田畑《たはた》の害虫《がいちゅう》は退治《たいじ》され、人間《にんげん》の病気《びょうき》もすぐに治《なお》るといわれました。

昔農民《むかしのうみん》たちは、カラスうちわをもとめ、害虫《がいちゅう》を追《お》いはらってその年《とし》の豊作《ほうさく》を祈《いの》ったのです。カラスと農民《のうみん》の関《かか》わりといえば、「烏勧請《からすかんじょう》」というユニークな農民《のうみん》の行事《ぎょうじ》がありました。勧請《かんじょう》とは、神《かみ》さまや仏《ほとけ》さまを呼《よ》んで迎《むか》えることをいいます。

昔《むかし》の農民《のうみん》は、カラスを田《た》の神《かみ》の使《つか》いだと思《おも》っていました。それで、正月《しょうがつ》が来《き》て年《とし》があらたまると、農作業始《のうさぎょうはじ》めに田《た》の神《かみ》の使《つか》い（カラス）を呼《よ》ぶ行事《ぎょうじ》をしました。田畑《たはた》にカラスを呼《よ》んで、モチやコメを食《た》べてもらったのです。この行事《ぎょうじ》は全国《ぜんこく》で広《ひろ》くおこなわれていて、地方《ちほう》によって呼《よ》び名《な》はちがいました。「烏勧請《からすかんじょう》」「烏呼《からすよ》び」「農《のう》はじめ」「鍬入《くわい》り」などです。

青森県《あおもりけん》三戸《さんのへ》地方《ちほう》では、一月《がつ》七日《か》に家《いえ》の前《まえ》で「シナイ　シナイ」、「トーヤ　トーヤ」、「ロー　ロー」と大《おお》きな声《こえ》をだしてカラスを呼《よ》びました。カラスが飛《と》んでくると、モチを投《な》げました。*1岩手県九戸郡大野村《いわてけんくのへぐんおおのむら》では、一月《がつ》十六日《にち》にモチを小《ちい》さく切《き》って麦畑《むぎばたけ》に行《い》き、「ポー　ポー」とカラスを呼《よ》んで、モチを食《た》べてもらいました。

*2福島県石城郡《ふくしまけんいわきぐん》では、一月《がつ》六日《か》と十一日《にち》の二回《かい》おこないました。年男《としおとこ》は、苗代《なわしろ》にする田《た》んぼに行《い》って、三鍬《みつくわ》だけたがやします。そして、コメ、お酒《さけ》、モチ、魚《さかな》を供《そな》え、「オ

ミサキー オミサキー」と高《たか》い声《こえ》でカラスを呼《よ》びました。カラスが食《た》べた後《あと》、半分《はんぶん》はもって帰《かえ》り、採《と》ってきた木《き》の枝《えだ》で焼《や》いて家族《かぞく》で食《た》べました。栃木県河内郡《とちぎけんかわちぐん》は、一月《がつ》十一日《にち》です。朝《あさ》、畑《はたけ》に三つのウネをつくり、白《しろ》い紙《かみ》をしいてコメを供《そな》えます。三つのコメを、「ワセ（早稲《わせ》）」「ナカテ（中稲《なかて》）」「オクテ（晩稲《おくて》）」と決《き》めました。そして「カラス来《こ》ーい カラス来《こ》ーい」と呼《よ》んで、カラスにコメを食《た》べてもらいました。どれを食《た》べるかを見《み》て、その年《とし》に栽培《さいばい》するイネの種類《しゅるい》を決《き》めたのです。

神奈川県足柄上郡《かながわけんあしがらかみぐん》では、モチ三切《き》れを山《やま》にもっていき、畑《はたけ》のふちにおいてカラスに食《た》べさせました。三切《き》れを「ワセ」「ナカテ」「オクテ」と決《き》めておきます。最初《さいしょ》にカラスが食《た》べたモチのイネ、それが豊作《ほうさく》になるイネだと占《うらな》ってもらったのでした。

やり方《かた》などのちがいはあっても、正月《しょうがつ》の農家《のうか》の行事《ぎょうじ》として、全国《ぜんこく》でカラスにモチやコメをまいて、食《た》べてもらっていました。しかし太平洋戦争《たいへいようせんそう》が終《お》わって少《すこ》したったころから、やめる農家《のうか》がでてきました。そして一九五五（昭和《しょうわ》三十）年《ねん》ごろには、「烏《からす》勧請《かんじょう》」はほとんどおこなわれなくなりました。

太平洋戦争《たいへいようせんそう》の後《のち》、日本《にほん》の社会《しゃかい》の形《かたち》は大《おお》きく変《か》わりました。そして一九五五（昭和《しょうわ》三十）年《ねん》ころからはじまった高度経済成長《こうどけいざいせいちょう》は、日本《にほん》の家庭《かてい》や家族《かぞく》のあり方《かた》も変《か》えてい

＊1 現在《げんざい》の岩手県九戸郡洋野町《いわてけんくのへぐんひろのちょう》。 ＊2 かつて福島県《ふくしまけん》にあった郡《ぐん》の名前《なまえ》。

きました。自然《しぜん》の中《なか》の生《い》き物《もの》への対《たい》し方《かた》も、変《か》わりました。古《ふる》い日本人《にほんじん》が受《う》けついできた野山《のやま》で暮《く》らす生《い》き物《もの》を大切《たいせつ》にし、うやまうという考《かんが》え方《かた》をなくしていったのです。神社《じんじゃ》での「御烏喰《おとぐ》い」神事《しんじ》はつづけられています。けれど農民《のうみん》たちの「烏勧請《からすかんじょう》」「烏呼《からすよ》び」の行事《ぎょうじ》はすたれてしまいました。残念《ざんねん》なことです。

・三本足《ぼんあし》のカラスの神社《じんじゃ》へ

ある日《ひ》のこと。デパートの古本市《ふるほんいち》に行《い》ったわたしは、面白《おもしろ》いものを見《み》つけました。古書店《こしょてん》のウィンドウにあった、神社《じんじゃ》のお守《まも》り札《ふだ》です。Ｂ４判《ばん》くらいの大《おお》きさの和紙《わし》に、木版刷《もくはんず》りで黒《くろ》い文字《もじ》が印刷《いんさつ》されており、朱印《しゅいん》が押《お》してありました。

「これはなんですか？」

店《みせ》の主人《しゅじん》は、和歌山県《わかやまけん》の熊野大社《くまのたいしゃ》で発行《はっこう》した牛玉宝印《ごおうほういん》だといいました。

「わかりやすくいうとね、神社《じんじゃ》でだしている護符《ごふ》、お守《まも》り札《ふだ》ですよ。カラス文字《もじ》で書《か》かれているんです」

カラス文字《もじ》と聞《き》いて、思《おも》わず身《み》を乗《の》りだしました。

「和歌山県《わかやまけん》の熊野大社《くまのたいしゃ》では、むかしからカラスが神《かみ》さまのお使《つか》いとなっています。それで熊野大社《くまのたいしゃ》では、お守《まも》り札《ふだ》をカラス文字《もじ》で書《か》いているのですよ。ここにあるのは江《え》戸時代《どじだい》に発行《はっこう》されたお守《まも》り札《ふだ》です」

値段《ねだん》を聞《き》くと、とても高《たか》いものでした。財布《さいふ》にあるお金《かね》では買《か》えません。残念《ざんねん》そうな顔《かお》をしていると、主人《しゅじん》は教《おし》えてくれました。

「いまも熊野大社《くまのたいしゃ》に行《い》けば、これとおなじものが手《て》に入《はい》りますよ」

熊野大社《くまのたいしゃ》はどんな神社《じんじゃ》なのだろう、カラスとどのように関《かか》わっているのか。すぐに調《しら》べることにしました。そして、熊野《くまの》に行《い》ってみたいと思《おも》ったのです。

熊野《くまの》とは、紀伊半島《きいはんとう》の南東部《なんとうぶ》にある山《やま》がつらなる地域《ちいき》のことです。太平洋《たいへいよう》に面《めん》し、大《おお》きな熊野川《くまのがわ》がながれています。そこに、熊野本宮大社《くまのほんぐうたいしゃ》、熊野速玉大社《くまのはやたまたいしゃ》、熊野那智大社《くまのなちたいしゃ》があります。その三つを、熊野大社《くまのたいしゃ》（熊野三山《くまのさんざん》）というのです。

平安時代《へいあんじだい》の終《お》わりころ、阿弥陀仏《あみだぶつ》への信仰《しんこう》がひろがりました。阿弥陀仏《あみだぶつ》とは、極楽《ごくらく》にいて人《ひと》びとをすくってくれる仏《ほとけ》さまのことです。阿弥陀信仰《あみだしんこう》がさかんになってきて、熊野《くまの》の地《ち》は＊1浄土《じょうど》と見《み》なされるようになりました。熊野大社《くまのたいしゃ》に参詣《さんけい》する人《ひと》が多《おお》くなりました。京《きょう》にいた＊2上皇《じょうこう》も、けわしい山道《やまみち》をとおって熊野大社《くまのたいしゃ》に参詣《さんけい》しました。

＊1　仏《ほとけ》さまのすむきよらかな場所《ばしょ》。　＊2　位《くらい》をゆずった天皇《てんのう》。

(左《ひだり》) 熊野速玉大社《くまのはやたまたいしゃ》の牛《ご》玉宝印《おうほういん》(お守《まも》り札《ふだ》)。44羽《わ》のカラスが文字《もじ》になっている。

(右《みぎ》) 熊野本宮大社《くまのほんぐうたいしゃ》の牛玉法印《ごおうほういん》。このお札《ふだ》には88羽《わ》のカラスがいる。災難《さいなん》からも病気《びょうき》からも守《まも》ってくれるありがたいお札《ふだ》だ。

四月《がつ》のはじめ、わたしは夜行《やこう》バスに乗《の》って熊野《くまの》へ出発《しゅっぱつ》しました。そして、翌朝早《よくあさはや》く、和歌山県新宮《わかやまけんしんぐう》市《し》につきました。

最初《さいしょ》にたずねたのは、熊野速玉《くまのはやたま》大社《たいしゃ》です。鳥居《とりい》をくぐると、すぐ右《みぎ》に「八咫烏神社《やたがらすじんじゃ》」がありました。カラスの神社《じんじゃ》です。

社《やしろ》は小《ちい》さいのですが、とてもりっぱな神社《じんじゃ》でした。賀茂建角見《かもたけつぬみの》命《みこと》がまつられています。大昔《おおむかし》、賀《か》茂建角見命《もたけつぬみのみこと》は大《おお》きなカラスになって、神武天皇《じんむてんのう》を熊野《くまの》から吉野《よしの》までみちびいたといわれています。そのカラスは、八咫《やた》ガラスと呼《よ》ばれているのでした。
「熊野《くまの》三山《さんざん》でカラスが敬《うやま》われているのは、八咫《やた》ガラスの話《はなし》があったからだな」
八咫《やた》ガラスは三本足《ぼんあし》のカラスです。そのふしぎなカラスについてもくわしく探《さぐ》ることにしました。

熊野速玉大社《くまのはやたまたいしゃ》は、白《しろ》い壁《かべ》と朱色《しゅいろ》の柱《はしら》のきれいな社《やしろ》でした。境内《けいだい》には、京《きょう》から熊野詣《くまのもうで》をした上皇《じょうこう》の碑《ひ》もありました。二百年《ひゃくねん》のあいだに、上皇《じょうこう》たちは京《きょう》からけわしい山道《やまみち》をたどり、浄土《じょうど》とみなされた熊野《くまの》へせっせとかよってきたのでした。

わたしはとうとう*社務所《しゃむしょ》で、速玉大社《はやたまたいしゃ》のお守《まも》り札《ふだ》、牛玉宝印《ごおうほういん》を手《て》にいれました。たて二十五センチ、よこ三十六センチの大《おお》きさの和紙《わし》です。四十四羽《わ》のカラス文字《もじ》で「熊野山宝印《くまのさんほういん》」と描《えが》かれていました。社務所《しゃむしょ》では、お守《まも》り、手《て》ぬぐい、絵馬《えま》、ガラス玉《だま》などの記念品《きねんひん》を売《う》っていましたが、どれもカラスの絵《え》が入《はい》っています。

速玉大社《はやたまたいしゃ》を出《で》たわたしは、バスで熊野本宮大社《くまのほんぐうたいしゃ》にむかいました。最初《さいしょ》熊野川《くまのがわ》の岸《きし》を走《はし》っていたバスは、とちゅうで山《やま》の中《なか》に入《はい》り、カーブの多《おお》いせまい山道《やまみち》をのぼっていきました。本宮大社《ほんぐうたいしゃ》へは、速玉大社《はやたまたいしゃ》を出発《しゅっぱつ》して一時間半《じかんはん》でした。

古《ふる》い大《おお》きな鳥居《とりい》をくぐり、百段《ひゃくだん》以上《いじょう》ある石段《いしだん》を登《のぼ》ります。熊野三山《くまのさんざん》ではここがいち

* 神社《じんじゃ》の事務《じむ》を取《と》り扱《あつか》う所《ところ》。

ばんの中心《ちゅうしん》です。建物《たてもの》もりっぱで、雰囲気《ふんいき》も荘厳《そうごん》な感《かん》じがします。左《ひだり》に社務所《しゃむしょ》、右《みぎ》に売店《ばいてん》がありました。社殿《しゃでん》の入《い》り口《ぐち》に大《おお》きなのぼりが二本立《ほんた》っています。のぼりの上部《じょうぶ》に赤《あか》い丸《まる》があり、そこに三本足《ぼんあし》の黒《くろ》いカラスが描《えが》いてありました。

本宮大社《ほんぐうたいしゃ》でもお守《まも》り札《ふだ》をもとめました。ここのお札《ふだ》には、八十八羽《わ》のカラスがいました。カラス文字《もじ》で、「熊野宝印《くまのほういん》」と書《か》かれていました。お守《まも》り札《ふだ》のことを、どうして牛玉宝印《ごおうほういん》というのでしょう。

「牛玉《ごおう》」とは、牛《うし》の胆嚢《たんのう》や肝臓《かんぞう》にできるかたまり、石《いし》のことです。むかし、この石《いし》は病気《びょうき》によくきくといわれ、霊薬《れいやく》として大切《たいせつ》にされました。どんな重《おも》い病気《びょうき》でも、治《なお》してしまうといわれたのです。その牛玉《ごおう》を粉《こな》にして、朱《しゅ》をまぜ、印肉《いんにく》にしました。カラス文字《もじ》を書《か》いて、その朱印《しゅいん》をおせばありがたいお守《まも》り札《ふだ》になります。このお守《まも》り札《ふだ》があれば、災難《さいなん》も病魔《びょうま》もにげていく、とむかしの人《ひと》は考《かんが》えたのです。お守《まも》り札《ふだ》から一羽《わ》のカラスを切《き》りとり、袋《ふくろ》に入《い》れてお守《まも》りにしたり、台所《だいどころ》にはって魔《ま》よけにしました。出産《しゅっさん》する人《ひと》は、切《き》りとったカラスをのめば、安産《あんざん》できるともいわれました。

熊野大社《くまのたいしゃ》のお守《まも》り札《ふだ》は、鎌倉時代《かまくらじだい》からは「起請文《きしょうもん》」の用紙《ようし》としても使《つか》われました。起請文《きしょうもん》とは、神《かみ》や仏《ほとけ》に誓《ちか》いを立《た》て、その誓《ちか》いをやぶらないと約束《やくそく》した文《ぶん》のことです。

熊野大社《くまのたいしゃ》では、むかしとおなじお守《まも》り札《ふだ》をわけてくれます。二十一世紀《せいき》のいまも、熊野《くまの》のカラスたちは、神《かみ》さまの使《つか》いとして、人間《にんげん》を守《まも》ってくれているのです。

この日《ひ》は熊野本宮大社《くまのほんぐうたいしゃ》に近《ちか》い湯《ゆ》の峯温泉《みねおんせん》で泊《と》まり、翌朝《よくあさ》、熊野那智大社《くまのなちたいしゃ》に行《い》きました。那智大社《なちたいしゃ》は那智山《なちさん》の中腹《ちゅうふく》にあり、那智《なち》の大滝《おおたき》がある神社《じんじゃ》として知《し》られています。

表参道《おもてさんどう》の四百段《ひゃくだん》ある石段《いしだん》をのぼって、境内《けいだい》にはいりました。朱《しゅ》ぬりのきれいな社殿《しゃでん》

那智大社《なちたいしゃ》にある八咫《やた》ガラスの像《ぞう》。三本足《ぼんあし》のカラスで、しっかりと海《うみ》の方《ほう》を見《み》つめていた。

があり、その右《みぎ》に八咫烏神社《やたがらすじんじゃ》がありました。賀茂建角見命《かもたけつぬみのみこと》の神社《じんじゃ》で、前《まえ》に八咫《やた》ガラスの像《ぞう》が立《た》てられていました。

那智大社《なちたいしゃ》のお守《まも》り札《ふだ》には、カラスは七十五羽《わ》いました。カラス文字《もじ》で「那智滝宝印《なちたきほういん》」と書《か》いてありました。お守《まも》り札《ふだ》のまん中《なか》にカラスを組《く》み合《あ》わせ、剣《けん》をかたどってあります。剣《けん》の長《なが》い部分《ぶぶん》に「日本第一《にほんだい》」としるし、下《した》の鏡《かがみ》の部分《ぶぶん》に「吉《きち》」の字《じ》がはめこんでありました。

この神社《じんじゃ》では、元旦《がんたん》に那智《なち》の大滝《おおたき》から若水《わかみず》をくんできて、その水《みず》でお守《まも》り札《ふだ》を刷《す》ります。元旦《がんたん》から六日間《むいかかん》かけて刷《す》るのだそうです。那智大社《なちたいしゃ》では、カラス絵馬《えま》に人気《にんき》があると聞《き》きました。受験合格《じゅけんごうかく》やいろんな願《ねが》いを書《か》いた絵馬《えま》が境内《けいだい》につるしてありました。

那智山《なちさん》を下《お》りたわたしは、その日《ひ》は紀伊勝浦《きいかつうら》で泊《と》まり、つぎの朝《あさ》の特急列車《とっきゅうれっしゃ》で名古屋《なごや》を経由《けいゆ》して東京《とうきょう》に帰《かえ》ってきました。かばんには、熊野三山《くまのさんざん》のお守《まも》り札《ふだ》、三本足《ぼんあし》のカラスの置物《おきもの》、八咫《やた》ガラスの扇子《せんす》、カラスせんべいなど、熊野《くまの》でもとめたありがたいお土産《みやげ》がはいっていました。

どうしてカラスは、熊野大社《くまのたいしゃ》の神《かみ》の使《つか》いなのでしょう。八咫《やた》ガラスとは、どんなカラスでしょうか。熊野《くまの》に行《い》った後《あと》も調《しら》べて、わかってきました。

カラスが神《かみ》の鳥《とり》として尊敬《そんけい》されるようになったのは、日本神話《にほんしんわ》で活躍《かつやく》したからです。日本神話《にほんしんわ》とは、「古事記《こじき》」「日本書紀《にほんしょき》」など日本《にほん》でいちばん古《ふる》い書物《しょもつ》にある神《かみ》がみの物語《ものがたり》です。日本神話《にほんしんわ》には、八咫《やた》ガラスが登場《とうじょう》します。「古事記《こじき》・中巻《なかつまき》」の話《はなし》です。


――むかし、イワレビコ（のちの神武天皇《じんむてんのう》）は、天下《てんか》を統一《とういつ》するために南九州《みなみきゅうしゅう》の日向《ひゅうが》を出発《しゅっぱつ》して、東《ひがし》にむかって戦《たたか》いの旅《たび》に出《で》ていました。大和《やまと》をめざして、紀《き》の国《くに》（いまの和歌山県《わかやまけん》）の熊野《くまの》に上陸《じょうりく》しました。命令《めいれい》にしたがわないらんぼうな神《かみ》が、大《おお》きなクマに化《ば》けてイワレビコをおそってきました。その毒気《どくけ》にやられ、イワレビコも兵士《へいし》もたおれました。たおれていると夢《ゆめ》の中《なか》に、天照大神《あまてらすおおみかみ》と高木神《たかぎのかみ》があらわれ、太刀《たち》をくれました。イワレビコは正気《しょうき》にかえると、高木神《たかぎのかみ》はいいました。

「ここから大和《やまと》への道《みち》は、むずかしくてけわしい。らんぼうで恐《おそ》ろしい神《かみ》が、たくさん待《ま》ちかまえている。天《てん》から八咫《やた》ガラスをつかわそう。そのカラスの後《あと》についていくがよい」

夢《ゆめ》がさめると、大《おお》きなカラスがあらわれました。その後《あと》についていくと、道《みち》はどんどんはかどりました。宇陀《うだ》では、エウカシとオトウカシの兄弟《きょうだい》がいました。八咫《やた》ガラスが先《さき》に飛《と》んでいき、兄《あに》がイワレビコを追《お》い返《かえ》そうとしているのがわかりました。弟《おとうと》は八咫《やた》ガラスに策《さく》を教《おし》えてくれて、兄《あに》との戦《たたか》いに勝《か》つことができました。

さらに行《い》くと、忍坂《おしさか》の大室《おおむろ》には土《つち》グモのタケルという、恐《おそ》ろしい男《おとこ》が待《ま》っていました。けれど八咫《やた》ガラスが導《みちび》いてくれ、タケルも滅《ほろ》ぼすことができました。

イワレビコは、さからっておそってくる神《かみ》がみをたおし、しずめることができました。ぶじに大和《やまと》にはいることができて、イワレビコは神武天皇《じんむてんのう》となりました。そして畝傍《うねび》の白檮原宮《かしはらのみや》で、天下《てんか》をおさめることになったのです。——

「日本書紀《にほんしょき》」にもおなじような話《はなし》があります。これらの神話《しんわ》によって、熊野《くまの》ではカラスが神《かみ》さまの使《つか》いとなりました。それが、日本各地《にほんかくち》の熊野神社《くまのじんじゃ》や人《ひと》びとにひろがり、カラスは神《かみ》さまの鳥《とり》として尊敬《そんけい》され、大切《たいせつ》にされるようになったのです。

「御烏喰《おとぐ》い」のところで書《か》いた神社《じんじゃ》のほかに、三重県《みえけん》の伊勢神宮《いせじんぐう》、長野県《ながのけん》の諏訪神社《すわじんじゃ》、静岡県《しずおかけん》の三島神社《みしまじんじゃ》、大阪市《おおさかし》の住吉神社《すみよしじんじゃ》、新潟県《にいがたけん》の弥彦神社《やひこじんじゃ》、京都市《きょうとし》の賀茂神社《かもじんじゃ》など古《ふる》い大《おお》きな神社《じんじゃ》が、カラスを神《かみ》さまの使《つか》いとしています。

三本足《ばんあし》のカラスはどこから来《き》たのか？　さぐっていくと、*古代中国《こだいちゅうごく》の神話《しんわ》に行《い》きあたりました。その神話《しんわ》は、おどろくような内容《ないよう》でした。


——大《おお》むかし、中国《ちゅうごく》の東方《とうほう》に、天帝《てんてい》の妻《つま》・義和《ぎわ》がいました。義和《ぎわ》には十人《にん》の息子《むすこ》がいました。十人《にん》の息子《むすこ》は太陽《たいよう》で、海《うみ》のはての陽谷《ようこく》に住《す》んでいました。海《うみ》の中《なか》には巨大《きょだい》な神《かみ》の樹《き》が生《は》えていて、その樹《き》が太陽《たいよう》たちのすみかでした。

十この太陽《たいよう》は、毎日《まいにち》、でる順番《じゅんばん》とコースが決《き》められていました。太陽《たいよう》たちは、決《き》まった日課《にっか》にあきていました。相談《そうだん》して、ある朝《あさ》、みんな一度《ど》に空《そら》に飛《と》びだすことにしたのです。

つぎの日《ひ》、十この太陽《たいよう》ぜんぶが天空《てんくう》に飛《と》びだしていきました。ぎらぎら照《て》りつける太陽《たいよう》に、木《き》や草《くさ》はたちまち枯《か》れ、川《かわ》や湖《みずうみ》の水《みず》も干上《ひあ》がりました。食《た》べものも水《みず》もなくなり、人《ひと》や動物《どうぶつ》は飢《う》えて死《し》んでいきました。こまった地上《ちじょう》の帝《みかど》は、天帝《てんてい》に救《すく》いをもとめました。天帝《てんてい》は、羿《げい》という弓矢《ゆみや》の達人《たつじん》を地上《ちじょう》につかわしま

＊『中国《ちゅうごく》の神話伝説《しんわでんせつ》』袁珂《えんか》・著《ちょ》　鈴木博《すずきひろし》・訳《やく》（青土社刊《せいどしゃかん》）

した。

羿《げい》は赤《あか》い弓《ゆみ》を引《ひ》きしぼり、太陽《たいよう》に白《しろ》い矢《や》を放《はな》ちました。矢《や》が太陽《たいよう》に命中《めいちゅう》すると、火《ひ》の玉《たま》はくだけました。赤《あか》くかがやくものが落《お》ちてきました。太陽《たいよう》にすむ、三本足《ぼんあし》のカラスでした。カラスは太陽《たいよう》の精《せい》だったのです。

羿《げい》はつづけて矢《や》を放《はな》ち、九この太陽《たいよう》を射落《いお》とし、天空《てんくう》には一こだけ太陽《たいよう》がのこりました。太陽《たいよう》が一つになると、また地面《じめん》からは草《くさ》や木《き》の芽《め》がでてきて、平《へい》和《わ》な日《ひ》がもどってきました。こうして地上《ちじょう》の世界《せかい》はすくわれました。——


古代中国《こだいちゅうごく》では、三本足《ぼんあし》のカラスが太陽《たいよう》にすんでいると考《かんが》えられました。そのカラスは太陽《たいよう》の精《せい》で、火《ひ》もあらわす強《つよ》くて尊《とうと》いものでした。

この話《はなし》でわかるように、古代中国《こだいちゅうごく》では太陽《たいよう》にすむ三本足《ぼんあし》のカラスを、偉大《いだい》な存在《そんざい》として尊敬《そんけい》していました。その信仰《しんこう》が古代《こだい》の日本《にほん》に伝《つた》わり、日本《にほん》でも三本足《ぼんあし》のカラスを聖《せい》なる鳥《とり》として、敬《うやま》うことになったのです。

中国《ちゅうごく》のほか、アメリカ先住民族《せんじゅうみんぞく》、古代《こだい》シベリア民族《みんぞく》の神話《しんわ》にも、カラスは登場《とうじょう》します。アメリカ先住民族《せんじゅうみんぞく》の神話《しんわ》では、カラスは、太陽《たいよう》、月《つき》、星《ほし》、真水《まみず》、火《ひ》を人間《にんげん》にもた

らしました。人間《にんげん》にめぐみをもたらす、大《おお》きなはたらきをした鳥《とり》として語《かた》られていま
す。またこんな話《はなし》も伝《つた》わっています。この世界《せかい》は最初《さいしょ》、大《おお》きな二枚貝《にまいがい》の中《なか》に閉《と》じこめ
られていて、光《ひかり》はなくまっ暗闇《くらやみ》でした。しかしある時《とき》、カラスがやってきて閉《と》じた貝《かい》
をこじ開《あ》け、世界《せかい》のさまざまなものを取《と》りだして、外《そと》にばらまきました。それでいま
のような世界《せかい》ができたのです。
古代中国《こだいちゅうごく》の太陽《たいよう》にすむ三本足《ぼんあし》のカラスの話《はなし》、アメリカ先住民族《せんじゅうみんぞく》の話《はなし》、どれも壮大《そうだい》で
すばらしい話《はなし》です。
こうしたスケールの大《おお》きなカラスの話《はなし》を知《し》ると、いま日本《にほん》でカラスがゴミを荒《あ》らす
と怒《おこ》っている人間《にんげん》が、とてもちっぽけなものに見《み》えてきます。カラスと日本人《にほんじん》とのつ
ながりを見《み》ていくと、昔《むかし》の人《ひと》びとが心《こころ》からカラスを愛《あい》し、尊敬《そんけい》していたことがわかり
ます。カラスだけでなく、小《ちい》さな鳥《とり》、スズメもツバメもミソサザイも、昔《むかし》の日本人《にほんじん》は
みんな人間《にんげん》のなかまとして、親《した》しくつきあい、心《こころ》から敬《うやま》っていたのです。その関《かか》わり
方《かた》は、豊《ゆた》かで深《ふか》いものでした。
けれど近代《きんだい》の科学《かがく》が発展《はってん》した現代《げんだい》になって、人間《にんげん》は鳥《とり》をたんなる生物《せいぶつ》としてしか見《み》
なくなりました。そしていつしか、鳥《とり》を愛《あい》し、うやまう心《こころ》を失《うしな》っていったのです。

鳥《とり》のすむ地球《ちきゅう》はすばらしい惑星《わくせい》です。鳥《とり》はその愛《あい》らしいすがたやさえずりで、わたしたちの心《こころ》をいやしてくれるだけでなく、勇気《ゆうき》や力《ちから》もあたえてくれます。そして、世界《せかい》や環境《かんきょう》について多《おお》くのことを教《おし》えてくれるのです。鳥《とり》たちとは、地球《ちきゅう》にすむ一員《いちいん》として、親《した》しいなかまとして、これからもつきあっていきたいと思《おも》います。

あとがき

野鳥観察《やちょうかんさつ》は楽《たの》しいよ

国松俊英《くにまつとしひで》

わたしの野鳥観察《やちょうかんさつ》（バードウォッチング）は、東京湾《とうきょうわん》のシギ・チドリからはじまりました。そのあと、ガンが渡《わた》ってくる宮城県《みやぎけん》の伊豆沼《いずぬま》に行《い》ったり、初夏《しょか》の富士山麓《ふじさんろく》や、長野県《ながのけん》の戸隠高原《とがくしこうげん》に出《で》かけたりして、野鳥《やちょう》の世界《せかい》は広《ひろ》がっていきました。日本各地《にほんかくち》の野山《のやま》や水辺《みずべ》で、いろんな鳥《とり》たちに出会《であ》い、楽《たの》しむだけでなく、たくさんのことを教《おし》えてもらいました。

野鳥観察《やちょうかんさつ》をやるのに、むずかしい決《き》まりはありませんし、大《たい》そうな道具《どうぐ》をそろえる必要《ひつよう》もありません。双眼鏡《そうがんきょう》と図鑑《ずかん》があれば、それで十分《じゅうぶん》です。自宅《じたく》の庭《にわ》やベランダでも、学校《がっこう》の校庭《こうてい》、町《まち》の公園《こうえん》、ビル街《がい》でも観察《かんさつ》はできます。ちょっと立《た》ち止《ど》まり、注意《ちゅうい》してまわりを見《み》ることです。ゆっくり見《み》まわすと、鳥《とり》が上空《じょうくう》を飛《と》んでいき、木《き》の枝《えだ》や、電線《でんせん》、屋根《やね》の上《うえ》などに止《と》まっているのに、気《き》づくことでしょう。

鳥《とり》を注意《ちゅうい》して見《み》ていると、いろいろな発見《はっけん》があります。「鳥《とり》の羽《はね》の色《いろ》がとてもきれいだな」とか「あんなおもしろい動作《どうさ》をしている」などです。野鳥観察《やちょうかんさつ》は、鳥《とり》がけんめいに生《い》きているすがたを見《み》せてもらうことです。とても楽《たの》しく、胸《むね》がわくわくしてきます。

日本《にほん》の野鳥《やちょう》は約《やく》五百《ひゃく》五十五種《しゅ》いますが、一つ一つ形《かたち》や大《おお》きさはちがっています。くちばしの形《かたち》も、足《あし》の長《なが》さも、鳥《とり》によってみんな異《こと》なっています。そのちがいを見《み》ていくのは、おもしろいです。体《からだ》の大《おお》きさやくちばしの形《かたち》、長《なが》さも、みんなちがっています。すむ場所《ばしょ》、食《た》べものによって、ちがっているのです。見《み》ていると、新《あたら》しい発見《はっけん》があり興味《きょうみ》がわいてきます。

飛《と》び方《かた》、歩《ある》き方《かた》、休《やす》み方《かた》、餌《えさ》の食《た》べ方《かた》。動作《どうさ》やしぐさも、鳥《とり》によって異《こと》なり、それを観察《かんさつ》するのも楽《たの》しいです。

野鳥観察《やちょうかんさつ》をするなら、あちこちで開《ひら》かれている自然観察会《しぜんかんさつかい》や探鳥会《たんちょうかい》に参加《さんか》することをおすすめします。だれでも参加《さんか》できます。そこでは、野鳥《やちょう》や自然《しぜん》をよく知《し》っているリーダーがいて、親切《しんせつ》に教《おし》えてくれます。鳥《とり》の見《み》つけ方《かた》、鳥《とり》の種《しゅ》類《るい》、名前《なまえ》などを教《おし》えてもらうのが、よいでしょう。

　林《はやし》、草原《そうげん》、川《かわ》や池《いけ》、海辺《うみべ》……。野鳥観察《やちょうかんさつ》をはじめると、いろんな場所《ばしょ》に出《で》かけていき、知《し》らない植物《しょくぶつ》を見《み》つけたり、虫《むし》を見《み》たり、動物《どうぶつ》に出会《であ》ったりします。そこで、鳥《とり》とほかの生《い》きものとのつながり、鳥《とり》が生活《せいかつ》している環境《かんきょう》との関《かか》わりなどに気《き》づくのです。鳥《とり》をとおして自然《しぜん》のしくみを感《かん》じ、理解《りかい》できるようになります。

　わたしは鳥《とり》の観察《かんさつ》をしていて、地球《ちきゅう》の自然環境《しぜんかんきょう》のことを考《かんが》えるようになりました。たとえば、ひとつの場所《ばしょ》でずっと鳥《とり》の観察《かんさつ》をつづけていると、自然環境《しぜんかんきょう》の変化《へんか》がわかってきます。鳥《とり》は環境《かんきょう》の指標《しひょう》（めじるし）になるのです。そして、鳥《とり》を守《まも》ることが人間《にんげん》の環境《かんきょう》を守《まも》ることにつながるのだ、と気《き》がつくのです。野鳥観察《やちょうかんさつ》は、鳥《とり》を見《み》て心《こころ》がいやされ、心《こころ》が豊《ゆた》かになるだけでなく、地球環境《ちきゅうかんきょう》のことまで考《かんが》えさせてくれるのです。

　鳥《とり》の祖先《そせん》は恐竜《きょうりゅう》だったこと、知《し》っている人《ひと》は多《おお》いでしょう。恐竜《きょうりゅう》の研究《けんきゅう》が進《すす》んできて、そのことがはっきりしました。この本《ほん》に登場《とうじょう》するセイタカシギもオオタカも、カラスもみんな恐竜《きょうりゅう》の一部《いちぶ》から進化《しんか》したのです。そう思《おも》ってまわりの野鳥《やちょう》を観察《かんさつ》すると、これまでとはちがって見《み》えてきたりします。

野鳥観察《やちょうかんさつ》をやったことのない人《ひと》、はじめてみませんか。楽《たの》しいことがいっぱいありますよ。この本《ほん》の読者《どくしゃ》の一人《ひとり》でも二人《ふたり》でも、野鳥観察《やちょうかんさつ》に行《い》ってみようかなと思《おも》ってくれたら、こんなうれしいことはありません。

■参考資料

『フィールドガイド日本の野鳥』高野伸二／日本野鳥の会　『コンサイス鳥名事典』吉井正・監修／三省堂　『東京湾』日本科学者会議・編／大月書店　『干潟の生物観察ハンドブック』秋山章男・松田道生／東洋館出版『干潟の学校』田久保晴孝／新日本出版社　『東京湾で魚を追う』大野一敏・敏夫／草思社　『中国の神話伝説』袁珂・著　鈴木博・訳／青土社　『稲作の神話』大林太良／弘文堂　千葉の干潟を守る会会報「干潟を守る」こどもつうしん「シロチドリ」　機関誌「私たちの自然」日本鳥類保護連盟　機関誌「野鳥」日本野鳥の会　その他

■写真を提供して下さった方　取材でお世話になった方

佐渡トキ保護センター　日本鳥類保護連盟　日本野鳥の会栃木県支部　千葉の干潟を守る会

石川勉　大野一敏　大浜清　木戸征治　近藤弘　坂梨輝男　田久保晴孝　藤富敦郎（敬称略）

国松 俊英（くにまつ　としひで）

児童文学作家。滋賀県生まれ。同志社大学商学部卒業。日本野鳥の会、日本児童文学者協会、日本児童文芸家協会、宮沢賢治学会会員。
子ども向けノンフィクション作品を多く書いている。主な著書に『星野道夫 アラスカのいのちを撮りつづけて』『カラスの大研究』（PHP 研究所）、『手塚治虫 マンガで世界をむすぶ』（岩崎書店）、『坂本龍馬 幕末の日本をかけぬける』『伊能忠敬 足で日本地図をつくった男』（文研出版）などがある。『トキよ 未来へはばたけ』（くもん出版）で第 7 回福田清人賞を受賞、『ノンフィクション児童文学の力』（文溪堂）では第 2 回児童文芸ノンフィクション特別賞を受賞した。

関口 シュン（せきぐち　しゅん）

1957 年東京都生まれ。心理占星術研究家・講師、漫画・絵本作家。
漫画家永島慎二に師事、1979 年『月刊ガロ』でデビュー。漫画作品だけでなく、児童文学の挿絵画家や絵本作家としても活躍。挿絵の作品に『子守唄誘拐事件』『げた箱の神さま』（文溪堂）など多数。占星術研究家としても活躍している。

鳥のいる地球はすばらしい—人と生き物の自然を守る
2016年 11月 初版 第1刷発行
2025年 5月 第4刷発行

著 者 国松 俊英
画 家 関口 シュン

発行者 水谷 泰三
発 行 株式会社**文溪堂** 〒112-8635 東京都文京区大塚3-16-12
TEL (03)5976-1511(編集)(03)5976-1515(営業)
ホームページ http://www.bunkei.co.jp

印 刷 株式会社広済堂ネクスト 製 本 株式会社若林製本工場
装 丁 DOMDOM

ISBN978-4-7999-0197-7 NDC916 150P 216 × 151mm